冶金行业职业技能鉴定培训系列教材

轧钢工

（高级技师）

主　编　杨卫东
副主编　马　正

北　京
冶 金 工 业 出 版 社
2018

内 容 简 介

本书是“冶金行业职业技能鉴定培训系列教材”之一，是依据技术工人职称晋升标准和要求，以及典型职业功能和工作内容，并充分考虑现场的实际情况而编写的。在具体内容的组织安排上，考虑到岗位职工学习的特点，力求通俗易懂，图文并茂，理论联系实际，重在应用。

本书共分 5 章，主要内容包括安全防护、环境保护、成本控制、钢材质量控制和钢铁企业的信息化。

本书可作为轧钢工人职业技能培训和职业技能鉴定培训教材（配有教学课件），也可作为工程技术人员及大专院校相关专业师生的参考书。

图书在版编目(CIP)数据

轧钢工：高级技师/杨卫东主编．—北京：冶金工业出版社，2018.6

冶金行业职业技能鉴定培训系列教材

ISBN 978-7-5024-7794-3

Ⅰ.①轧…　Ⅱ.①杨…　Ⅲ.①轧钢学—职业技能—鉴定—教材　Ⅳ.①TG33

中国版本图书馆 CIP 数据核字（2018）第 130694 号

出 版 人　谭学余
地　　址　北京市东城区嵩祝院北巷 39 号　邮编　100009　电话　(010)64027926
网　　址　www.cnmip.com.cn　电子信箱　yjcbs@cnmip.com.cn
策划编辑　张　卫　责任编辑　俞跃春　杜婷婷　美术编辑　彭子赫
版式设计　孙跃红　责任校对　卿文春　责任印制　李玉山
ISBN 978-7-5024-7794-3
冶金工业出版社出版发行；各地新华书店经销；固安华明印业有限公司印刷
2018 年 6 月第 1 版，2018 年 6 月第 1 次印刷
787mm×1092mm　1/16；12 印张；288 千字；179 页
36.00 元

冶金工业出版社　投稿电话　(010)64027932　投稿信箱　tougao@cnmip.com.cn
冶金工业出版社营销中心　电话　(010)64044283　传真　(010)64027893
冶金书店　地址　北京市东四西大街 46 号(100010)　电话　(010)65289081(兼传真)
冶金工业出版社天猫旗舰店　yjgycbs.tmall.com

编者的话

在中国政府倡导弘扬工匠精神、培育大国工匠、打造工匠队伍、实施制造强国战略的引领下，本系列教材从贴近一线、注重实用角度来具体落实——一分要求，九分落实。为此，本系列教材特设计了一个标志。

本标志意在体现工匠的匠心独运，字母G、J分别代表“工”“匠”的首字母，♥代表匠心，G与J结合并配上一颗心，形象化地勾勒出工匠埋头工作的状态，同时寓意“工匠心”。有匠心才有独运，有独运才有绝伦，有绝伦才有独树一帜的技术，才有一流产品、一流的创造力。

以此希望，全社会推崇与学习这种匠心精神，并成为年轻人的价值追求！

编者

2018年6月

前　言

为了便于开展冶金行业职业技能培训和职业技能鉴定工作，编写了本书，本书也是“冶金行业职业技能鉴定培训系列教材”之一。

本书内容是依据技术工人职称晋升标准和要求，以及典型职业功能和工作内容，并经过大量认真、细致的调查研究，充分考虑现场的实际情况而编写的。在具体内容的组织安排上，考虑到岗位职工学习的特点，力求通俗易懂，图文并茂，理论联系实际，重在应用。

本书内容贴近生产一线，丰富实用，指导性强，读者对象主要是在岗的生产一线技术工人，也可供工程技术人员及大专院校相关专业师生参考。

本书是校企高度合作的成果，由首钢技师学院杨卫东任主编，马正任副主编，参加编写的还有首钢集团公司工程技术人员，首钢工学院李铁军、梁苏莹，首钢技师学院李琳、张红文等。在编写过程中得到了有关单位的大力支持，在此表示衷心的感谢！

由于编者水平有限，书中不足之处，敬请广大读者批评指正。

编　者

2018 年 2 月

目　录

1 安全防护

1.1 热轧板带生产事故现场应急处置

1.1.1 事故风险分析

1.1.1.1 事故类型

公司热轧板带生产作业部共有两条生产线，分别为一热轧（2250mm）和二热轧（1580mm）。

热轧作业部产量为780万吨/年。其中，一热轧生产能力为436.5万吨/年，产品为平整钢卷、管线钢、冷轧用钢卷、商品卷产品；二热轧生产能力为343.5万吨/年，产品包括碳素结构钢67.15万吨/年，优质碳素结构钢32万吨/年，低合金结构钢26.63万吨/年，专用钢66万吨/年，中低牌号硅钢71.21万吨/年。

热轧作业部在生产过程中存在的主要危险有害因素有火灾、爆炸、中毒窒息、机械伤害、起重伤害、触电、灼烫、高处坠落、车辆伤害、物体打击等10项。

1.1.1.2 事故发生的类型、涉及部门或装置名称

事故发生类型、涉及部门或装置名称见表1-1。

表1-1 事故发生的类型、涉及部门或装置名称

序 号	事故类型	涉及部门	装置名称
1	机械伤害	一热轧	轧钢机、链式运输机、剪板机等机械设备
		二热轧	
		精整	
		天车	
		酸洗板材	
		生产准备	
2	起重伤害	一热轧	天车
		二热轧	
		精整	
		天车	
		酸洗板材	
		生产准备	

续表 1-1

序　号	事故类型	涉及部门	装置名称
3	触电	一热轧	配电室、带电运行的设备、设施和电器线路
		二热轧	
		精整	
		天车	
		酸洗板材	
		生产准备	
4	灼烫、酸灼伤	一热轧	加热炉、升温炉、粗轧可逆机、热卷箱、酸洗板材等相关工作岗位
		二热轧	
		酸洗板材	
		精整	
5	高处坠落	一热轧	2m 以上高处作业
		二热轧	
		精整	
		天车	
		酸洗板材	
		生产准备	
6	车辆伤害	一热轧	厂内机动车辆
		二热轧	
		精整	
		天车	
		酸洗板材	
		生产准备	
7	火灾	一热轧	作业区煤气管道及阀门、轧机、电气火灾
		二热轧	
		精整	
		天车	
		酸洗板材	
		生产准备	
9	爆炸事故	一热轧	加热炉煤气及其他可燃气体使用区域
		二热轧	
		精整	
10	中毒和窒息事故	一热轧	加热炉煤气使用区域
		二热轧	
		精整	

1.1.1.3 事故可能出现的征兆

事故可能出现的征兆有：

（1）电气设备、机械设备安全防护装置受外力破坏。

（2）联锁装置、信号装置、检测装置失灵或损坏。

（3）有毒物质泄漏，便携式、固定式有毒气体报警器发出报警信号。

（4）煤气的压力、温度、流量等监测值发生骤变。

（5）煤气管道、设备发现异常现象。

（6）操作人员冒险操作、误操作、违章作业。

（7）管理人员违章指挥。

（8）未佩戴或配备符合标准的劳动防护用品或防护设备等。

1.1.1.4 事故对周边的影响

火灾、爆炸对区域内和周边作业区的周边影响较大，将导致设备、设施严重损坏，造成人员伤亡。煤气的泄漏可导致作业区乃至整个公司的作业人员中毒、窒息。

1.1.2 应急处置

1.1.2.1 事故应急程序

作业部建立事故响应流程图，如图1-1所示。各级人员接到警情后，按事故响应流程图执行。

各应急小组在事故发生后立即赴现场，组织开展应急工作，组织抢救，防止事故扩大，减少人员伤亡和财产损失，当本作业部的自身救援力量不足时，经应急指挥部批准，由应急办公室报告市安监局等部门，请求力量支援。

1.1.2.2 现场应急处置

A 发生煤气、天然气泄漏事故处置措施

（1）发生泄漏事故后应立即报告应急办公室、调度室、煤防站等部门，及时通知保健站，使中毒人员脱离现场，进行相应救治。

（2）发生泄漏事故后应迅速查清事故现场情况，疏散作业区人员，采取有效措施，切断危险源，严禁冒险抢救扩大事故。

（3）参加抢救的所有人员必须服从现场领导统一指挥。

（4）事故现场划出危险区域，布置岗哨，阻止非抢救人员进入，进入危险区的抢救人员必须佩戴空气呼吸器、各种气体检测报警仪，严禁使用纱布口罩等不适合防止中毒、窒息的器具。

（5）查找事故原因过程中必须佩戴空气呼吸器，未查明事故原因和未采取必要的安全措施前，不得向设施恢复送气。

（6）监测环境中一氧化碳、氧气含量合格后方可恢复正常作业。

（7）现场受伤人员救援及事故处理全部完成后，要对事故抢救人员人数、应急设备进行清点，对现场进行清理，向应急指挥部逐级汇报。

B 煤气管道、设备断裂大量煤气泄漏事故处置方案

（1）当班作业长立即通知作业区、煤气防护站及调度，将事故情况汇报清楚（由调

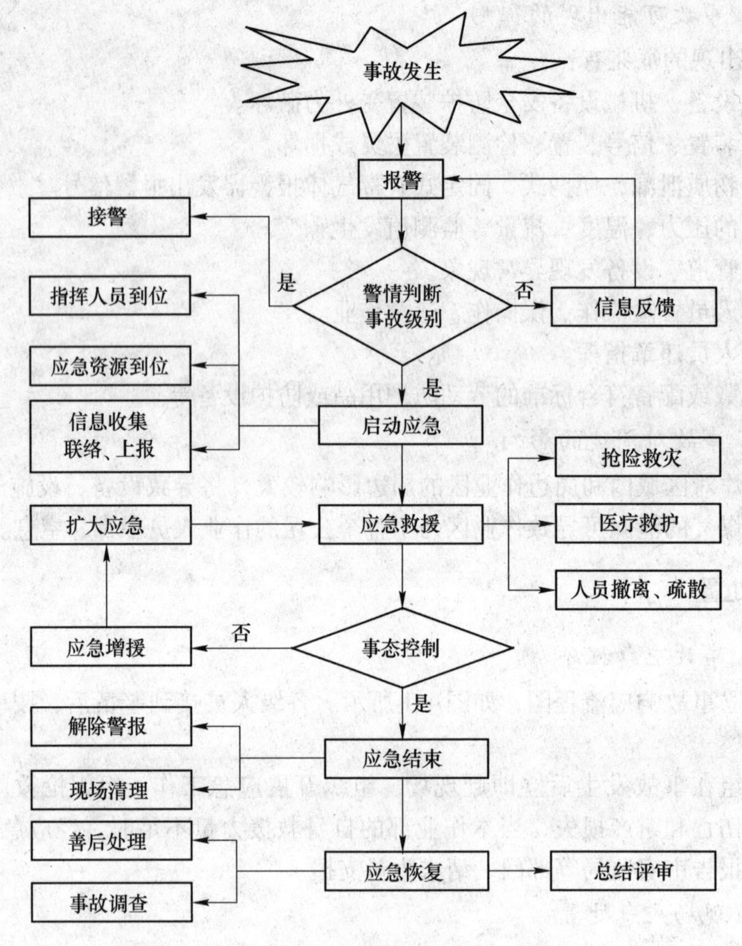

图 1-1　事故响应流程图

度联系有关用户停止使用煤气）。

（2）当班班长戴好空气呼吸器查清漏气部位、程度，汇报调度，关闭气源侧截门，打开末端放散，向管道、设备内部通入蒸汽或氮气。

（3）当班作业长带好报警器及警戒绳疏散现场人员，在上风侧 20m、下风侧 40m 以外布置警戒线。

C　煤气中毒事故处置方案

（1）发生煤气中毒后，立即将中毒者移至危险区域外上风侧的有新鲜空气处。抢救人员必须佩戴空气呼吸器进入危险区域。

（2）对发生煤气中毒的区域应设明显的警示标志，防止他人误入煤气地区。

（3）发生煤气中毒后当班作业长立即通知作业区、煤气防护站及作业部调度室，将中毒的人数、时间、地点、中毒程度汇报清楚。

（4）在煤防站人员未到前，要将岗位用的氧气呼吸器的氧气瓶卸下，缓慢打开开关对在中毒者口腔、鼻孔部位吸氧。无氧条件下可以启用现场风源。

（5）抢救时将中毒者双肩垫高 15cm，四肢伸开，以尽量后仰，面部转向一侧，以利于呼吸畅通。

(6) 抢救时将阻碍中毒呼吸的衣扣、腰带、鞋扣解开，使中毒者放松，对中毒者起到缓解作用。

(7) 冬季要保持中毒者的体温，适当盖上被子，可进行口对口人工呼吸或胸外按压法。

D 煤气着火事故处置方案

(1) 管道直径小于100mm（含）的管道着火时，可直接将煤气阀门关严，切断煤气来源，火焰可自行熄灭。

(2) 当设备或管道因泄漏严重，火势较大时，应停止该管道有关用户使用煤气，并止火停烧。具体做法是：将煤气来源的总阀门关闭2/3，适当降低煤气压力，同时向管道内通过大量蒸汽或氮气进行灭火。

(3) 应注意煤气压力不得低于200Pa，严禁突然关闭煤气总阀门，防止回火爆炸。同时应注意煤气压力不能过高，因压力过高，火势必然大，着火不容易控制。

(4) 在灭火过程中，尤其是火焰熄灭后，要防止煤气中毒，扑救人员应配置煤气检测仪器和防毒面具。

E 煤气爆炸事故处置方案

(1) 发生煤气爆炸事故当班作业长立即通知作业区、煤气防护站及调度（由调度通知用户停用煤气），将事故情况汇报清楚。

(2) 当班作业长指挥立即切断煤气来源，向设备内通入大量蒸汽或氮气防止二次爆炸和着火。

(3) 当班作业长引导职工从消防安全通道疏散到安全地方，避免拥挤挤伤。

(4) 当班作业长负责现场协调指挥。

(5) 事故现场应划出危险区域，布置岗哨、警戒线，清点统计人数，阻止非抢救人员进入危险区域，并迅速切断火灾来源，抢救人员必须佩戴呼吸器，并由佩戴呼吸器的专人监护。

F 排水器跑气事故处置方案

(1) 发现排水器跑气当班作业长立即通知作业区、煤气防护站及调度，将事故情况汇报清楚。

(2) 当班班长戴好呼吸器关闭下降管截门（一次风机常备3套，设备管理室常备4套）。

(3) 当班职工带好报警器及警戒绳疏散现场人员，在上风侧20m、下风侧40m以外布置警戒线。

(4) 对排水器进行补水。

G 煤气中毒者急救措施

(1) 中毒轻微者，如出现头痛、恶心、呕吐等症状，可直接送附近医院抢救。

(2) 中毒较重者，如出现失去知觉、口吐白沫等症状应通知煤气防护站和附近医院赶到现场急救。

(3) 中毒者已经停止呼吸，应在现场立即做人工呼吸并使用苏生器，同时通知煤气防护站和附近医院赶到现场抢救。

(4) 中毒者未恢复知觉前，不得用急救车送往较远的医院急救；就近送往医院抢救时，途中应采取有效的急救措施，并应有医务人员护送。

H 煤气排水器击穿事故应急处置

(1) 当发生煤气排水器击穿事故时，发现事故人员在确保自身和他人安全的情况下，应立即疏散周围人员并通知当班班长。

(2) 当班班长组织至少两名当班人员戴好空气呼吸器，立即关闭排水器操作阀门(如操作阀门关不严，关闭排水器主阀门)，可靠切断煤气来源，并将事故情况通报给作业长。

(3) 如排水器主阀门无法关严造成煤气大量泄漏，作业长立即组织人员疏散周边相邻作业人员，并划定警戒区，设立警戒标志，布置警戒人员，严格控制无关人员进入。

(4) 参加应急救援的人员必须配备空气呼吸器及煤气检测仪器。

(5) 煤气排水器附近的人员聚集场所，安装安全可靠的固定式煤气报警仪，设立安全警示标志。

I 火灾事故应急处置措施

(1) 火灾发生初期，是扑救的最佳时机，发生火灾部位的人员要及时把握好这一时机，尽快把火扑灭。扑救电气火灾前，需确认燃烧物的化学成分，并采取防中毒、防窒息防护措施，方可进入火场救火。所使用的灭火器材要与火源性质相符合。火情严重，在扑救控制火灾的同时，拨打火警电话，立即向调度室报告，由调度向上级领导和有关部门报告。

(2) 在现场的安全管理人员，应立即指挥员工撤离火场附近的可燃物，避免火灾区域扩大。

(3) 当主电室等部位发生电器火灾时，现场人员应立即通知生产调度，断开着火部位电源，然后用专用灭火器灭火，控制事故扩大，必要时拨打报警电话。

(4) 当油库、液压站、润滑站等部位发生油类火灾时，现场人员应立即通知生产调度，断开着火区域电源，然后使用油类专用灭火器灭火，控制事故扩大，必要时拨打报警电话，并应及时搬运可燃、易燃物品，防止火灾事态扩大或燃爆事故的发生。

(5) 发生库房火灾时，立即通知生产调度及相关人员，切断库房的电源，检查火情并使用适用的灭火器或其他消防器材进行灭火，采取恰当措施控制危险化学品的泄漏，必要时拨打报警电话。

(6) 及时指挥、引导无关人员按安全线路、方法疏散撤离事故区域。

(7) 火灾扑灭后处理火场，避免复燃，防止对环境造成更大的污染，处理事故。

(8) 受伤人员的现场救护、救治。有人员受伤时要马上进行施救，将伤员撤离危险区域，呼吸停止的现场进行人工呼吸，同时拨打急救电话。

J 机械伤害事故处置措施

(1) 当发生轧钢机、链式运输机等机械伤害事故时，发现事故人员在确保自身和他人安全的情况下应立刻停机、停止作业，迅速采取有效措施将伤者从设备中解救出来，并将事故的情况上报当班班长。

（2）当班班长得知情况后立即组织救援人员携带急救药品、急救器具赶赴现场进行抢救，同时将事故的情况上报当班作业长。救援人员通过判断伤者的伤害程度，采取力所能及的抢救措施，伤势稳定后送往保健站或附近医院进行治疗。若伤者受伤情况较严重时救援人员可越级上报四班调度长，联系本地医疗急救机构派救护车赶赴现场抢救。

（3）救援工作时，救援人员必须使用防护工具，防止抢救过程中发生二次伤害。在救援过程中，要尽量保持事故现场原样，确需移动的要画出原样图或进行拍照录像，妥善保存现场重要痕迹、物证，以便事故调查。

（4）急救措施如下：

1）伤情判断。检查伤员的心跳，其次是呼吸和瞳孔，然后区分是危重伤员、重伤员，还是轻伤员。危重伤员：外伤性窒息及各种原因引起的心脏骤停、呼吸困难、深度昏迷、严重休克、大出血等类伤员，此类伤员需立即抢救，并在严密观察下迅速护送医院。重伤员：骨折、脱位、严重挤伤、大面积软组织挫伤内脏等，此类伤员多需手术治疗，不能马上手术时，要注意防止休克。轻伤员：软组织伤，如擦伤、挤伤、裂伤和一般挫伤等，此类伤员可现场处理后回住地休息。

2）伤口处理。伤口的处理步骤：用生理盐水或清水清洗，用手帕、布带包扎、止血。骨折处用木辊、木板当夹板临时固定。脊柱骨折时，不需要做任何固定，但搬运方法十分重要。

（5）搬运方法如下：

1）担架搬运。可用木板、竹竿、绳子制作担架，用担架搬运时，伤员的头部向后，以便后面抬担架的人可随时观察其变化。

2）单人搬运法。可让伤者伏在救护者的背上，也可使伤者的腹部在救护者的右肩上，右手抱其双腿，左手握住伤员右手。

3）双人搬运法。一人抱住伤员的肩腰部，另一人抱住伤员的臀部、腿部，或让伤员坐在两个急救者互相交叉形成的井字手上，伤员双手扶在急救者的肩部。

K 灼烫处置措施

（1）应急操作。及时将烫伤人员脱离危险区域，立即检查伤者情况。

1）高温灼烫。如轻度烫伤可现场用冷水对受伤者进行现场降温，以降低高温对皮肤的灼伤；如烫伤较严重应用干净布包住创面，及时送往医院。在处理过程中不得强行脱烫伤人员的工作服，以免扩大损伤烫伤表皮。

2）化学灼伤。①将灼伤人员迅速救出危险区域，送至有清洁水源的地方。②除去被污染的衣物，用大量清水反复冲刷伤处。③充分冲刷后可适度采用中和剂、香皂水等冲刷。④急救结束后将伤者送往医院。

（2）应急响应：

1）发生灼烫事件时，值班人员必须穿戴劳保防护用品，及时将烫伤人员脱离危险区域，安置在安全区域，并立即通知应急办公室。

2）医疗救护到达后，立即协助值班人员进行受伤人员的抢救，根据伤者的灼烫程度进行救治，并及时送医院治疗，在送医院过程中不得停止抢救。

3）警戒疏散组设置临时警戒，防止无关人员进入再次发生事故，事故未处理完成，安全警戒线不能解除。

L 高处坠落事故应急处置

(1) 当发生高处坠落时，发现事故人员在确保自身和他人安全的情况下，迅速采取有效措施抢救受伤人员并将受伤人员转移至安全区域，防止其他物体掉落造成二次伤害事故的发生，同时将事故的情况上报当班班长。

(2) 当班班长得知情况后立即组织救援人员携带急救器材、急救药品赶赴现场进行抢救，同时将事故的情况上报车间主任。救援人员通过判断伤者的伤害程度，采取力所能及的抢救措施，伤势稳定后送往附近医院进行治疗。若伤者受伤情况较严重时救援人员可越级上报厂办公室，联系本地医疗急救机构派救护车赶赴现场抢救。

(3) 救援工作时，救援人员必须使用防护工具。在救援过程中，要尽量保持事故现场原样，确需移动的要画出原样图或进行拍照录像，保存现场重要痕迹、物证，以便事故调查。

(4) 急救措施如下：

1) 抢救前先使伤者仰卧，判断全身情况和受伤程度，如有无出血、骨折、休克等，防止加重伤情。

2) 由于坠落事故可能引起出血，出血量大（达到总血量的40%），就有生命危险。现场急救时首先应采取紧急止血措施，然后再采取其他措施，常用的止血方法有指压止血、加压包扎止血、加垫屈肢止血和止血带止血。

3) 包扎可以起到快速止血、保护伤口、防止污染作用，有利于转送和进一步治疗。常用方法有绷带包扎、三角巾包扎。

4) 如伤者外观无出血但面色苍白、脉搏微弱、气促等，甚至神志不清，应迅速躺平，抬高下肢、保持温暖、速送医院抢救。

5) 骨折时用夹板或木棍等将断骨上下方两个关节固定，如有出血则先止血再固定，并用干净布片覆盖伤口，迅速送医院。

6) 在鼻有液体流出时，不要用棉花堵塞，只可轻轻拭去，不可用力擤鼻排除鼻液或将鼻液再吸入鼻内。

(5) 为了使断骨不再加重，避免加重断骨对周围组织的伤害，减轻伤员的痛苦并便于搬运，常用夹板的方法来固定。搬运时注意：

1) 下肢骨折需用担架；担架搬运，可用木板、竹竿、绳子制作担架，用担架搬运时，伤员的头部向后，腰部束在担架上防止跌下，以便后面抬担架的人可随时观察其变化。上楼、下楼、下坡时头部在上。

2) 脊柱骨折，用门板或硬板担架，使伤者面向上。有3~4人分别用手托起头、胸、骨盆、腿部，动作一致平放在担架上，用布带将伤员绑在担架上，以防移动。

M 触电事故应急处置措施

(1) 低压触电事故脱离电源方法如下：

1) 立即拉掉开关、拔出电源接头，切断电源。

2) 如电源开关距离太远，用带有绝缘手柄的利器切断电源线。

3) 导线掉落在触电者身上或压在身下，这时可用干燥的木棒、竹竿等挑开导线或用干燥的绝缘绳套拉导线或触电者，使之脱离电源。

4）触电者由于痉挛手指紧握导线缠绕在身上，救护人可先用干燥的木板塞进触电者身下使其与地绝缘来隔断入地电流，然后再采取其他办法把电源切断。

（2）高压触电事故脱离电源方法如下：

1）立即通知有关部门停电。

2）戴上绝缘手套，穿上绝缘鞋用相应电压等级的绝缘工具拉开开关。

3）抛掷一端可靠接地的裸金属线使线路接地；迫使保护装置动作，断开电源。

（3）注意事项如下：

1）救护人不可直接用手或其他金属及潮湿的物件作为救护工作，而必须使用适当的绝缘工具。救护人要用一只手操作，以防自己触电。

2）防止触电者脱离电源后可能的摔伤。特别是当触电者在高处的情况下，应考虑防摔措施。即使触电者在平地，也要注意触电者倒下的方向，注意防摔。

3）如事故发生在夜间，应迅速解决临时照明，以利于抢救，并避免扩大事故。

（4）现场急救措施如下：

1）当触电者脱离电源后，应根据触电者的具体情况，迅速采取对症救护。

2）触电者伤势不重，应使触电者安静休息，不要走动，严密观察并请医生前来诊治或送往医院。

3）触电者失去知觉，但心脏跳动和呼吸还存在，应使触电者舒适、安静地平卧，周围不要围人，使空气流通，解开他的衣服以利呼吸。同时，要速请医生救治或送往医院。

4）触电者呼吸困难、稀少，或发生痉挛，应准备心跳或呼吸停止后立即作进一步的抢救。

5）如果触电者伤势严重，呼吸及心脏停止，应立即施行人工呼吸和胸外挤压，并速请医生诊治或送往医院。在送往医院途中，不能终止急救。

N 起重伤害处置措施

（1）人员高空坠落时的紧急处置如下：

1）现场警戒和隔离。根据现场人员状况和数量，警戒和隔离适当区域，同时应注意保证紧急救援的通道畅通，避免坠落伤害继续扩大和围观人员妨碍现场救援工作。

2）现场抢救伤员。在采取必要的防护措施下，现场指挥人员根据坠落情况，指挥现场救援组人员，用相应工具、设备和手段，尽快抢救出坠落的伤员。

3）医疗救护人员现场施救及运送伤员。抢险必须由经过演练和专业培训取得特种设备作业人员证书的专业人员进行，抢险时必须穿戴必要的防护用品（安全帽、防护服、防滑鞋等）。

（2）起重机械碰撞挤压的应急处置。起重机在维修、吊装及运行过程中碰撞挤压作业人员时：

1）立即停机或实施反向运行操作，应急救援现场安排专人监护空中物品或吊具，后勤保障组采取防护措施。

2）现场救援组抢险人员穿戴必需防护用品（安全帽、防滑鞋等），进入危险区域救出伤员，若伤员挤压在物件中无法脱身，应采取其他必要的手段（叉车、气割机、千斤顶等）实施救援。

3）协助医疗救护人员负责救护和运送伤员。

(3) 起重机械吊具或吊物伤人的应急处置如下：

1) 现场警戒和隔离。根据现场情况，疏散警戒组对现场进行警戒和隔离，并保证救援通道畅通，避免坠落物伤害继续扩大和无关人员影响现场救援工作。

2) 紧急通知危险区域以内的人员撤离和疏散。通信联络组用有效的通信手段（广播、话筒等）立即通知现场危险区域内的人员，警戒疏散组及时组织疏散和撤离危险区域内的人员。

3) 紧急抢险救出伤员。由现场救援组专业抢险人员利用必要的设备设施（汽车起重机、叉车、气割机、千斤顶等）移开倒塌物件，搜救受伤人员。

4) 对伤员实施初期急救，协助专业医疗人员运送伤员。

5) 抢险救人时，现场应有专家组人员进行指导，先切断危险电源、水源、气源，撤离易燃易爆危险品，如果已发生燃、爆事故，应同时组织现场救援组进行消防工作，注意着火的油和熔融状态下的铁水禁止用水来灭火。在抢救的同时，应有专人负责现场的危险状况（空中物品、电缆、电线、锐器、火源等）进行监控，确保施救人员的安全。

6) 搜救伤员时，一般不宜使用大型机械设备，以免对伤员造成二次伤害。

O　容器爆炸处置措施

(1) 压力容器及其设备一旦发生爆炸事故，必须设法躲避爆炸物，在可能的情况下尽快撤离现场，爆炸停止后立即查后是否有伤亡人员，并进行救助。

(2) 压力容器爆炸发生时，在认为安全的情况下必须及时切断电源和管道阀门等。其他无关人员应有组织地迅速撤离至安全的集合点。

(3) 发现有人受伤后，应马上组织人员抢救伤者。

P　物体打击处置措施

(1) 当发生物体打击时，发现事故人员在确保自身和他人安全的情况下，迅速采取有效措施抢救受伤人员并将受伤人员转移至安全区域，防止造成二次伤害事故的发生，同时将事故的情况上报当班班长。

(2) 当班作业长得知情况后立即组织救援人员携带急救器材、急救药品赶赴现场进行抢救，同时将事故的情况上报调度长。救援人员通过判断伤者的伤害程度，采取力所能及的抢救措施，伤势稳定后送往附近医院进行治疗。若伤者受伤情况较严重时救援人员可越级上报应急办公室，联系本地医疗急救机构派救护车赶赴现场抢救。

(3) 救援工作时，救援人员必须使用防护工具。在救援过程中，要尽量保持事故现场原样，确需移动的要画出原样图或进行拍照录像，保存现场重要痕迹、物证，以便事故调查。

Q　人员伤害的急救措施

(1) 首先观察伤者的受伤情况、部位、伤害性质，如伤员发生休克，应先处理休克。遇呼吸、心跳停止者，应立即进行人工呼吸或胸外心脏按压。处于休克状态的伤员要让其安静、保暖、平卧、少动，并将下肢抬高约20°左右，尽快送医院进行抢救治疗。

(2) 受伤人员出现肢体骨折时，应尽量保持受伤的体位，由现场医务人员对伤肢进行固定，并在其指导下采用正确的方式进行抬运，防止因救助方法不当导致伤情进一步加重。

（3）遇有创伤性出血的伤员，应迅速进行现场包扎、止血等措施，防止受伤人员流血过多造成死亡事故发生，并送往医院救治。

（4）出现颅脑损伤，必须维持呼吸道畅通。昏迷者应平卧，面部转向一侧，以防舌根下坠或分泌物、呕吐物吸入，发生喉阻塞。有骨折者，应初步固定后再搬运。遇有凹陷骨折、严重的颅底骨折及严重的脑损伤症状出现，创伤处用消毒的纱布或清洁布等覆盖，用绷带或布条包扎后，及时送往医院治疗。

（5）受伤人员出现呼吸、心跳停止症状后，必须立即进行心脏按压或人工呼吸。

1.1.3 注意事项

1.1.3.1 佩戴个人劳动防护用品注意事项

需要佩戴防护用品的人员在使用防护用品前，应认真阅读产品安全使用说明书，确认其使用范围、有效期等内容，熟悉其使用、维护和保养方法，发现防护用品有受损或超过有效期限等情况，绝不能冒险使用。

1.1.3.2 使用抢险救援器材方面的注意事项

抢险救援时使用的器材要严格检查，不许使用有破损的器材，使用救援器材时要根据灾情分类使用，特别是易燃易爆场所要使用铜制工具和防爆灯等，严禁盲目使用。

1.1.3.3 采取救援对策或措施方面的注意事项

现场受灾的人员和受到威胁的人员，在发生事故后应根据灾情和现场的情况，在保障自身安全的前提下，采取有效的方法和措施进行自救和互救，现场不具备抢救条件，应组织撤离，编制的应急处置方案必须符合现场实际，并科学严谨。

1.1.3.4 现场自救和互救注意事项

在现场自救和互救时，必须保持统一指挥和严密的组织，严禁冒险蛮干和惊慌失措，严禁各行其是和单独行动，特别是要提高警惕，避免发生次生和滋生事故。

1.1.3.5 现场应急处置能力确认和人员防护等事项

现场应急处置要安排经验丰富的老职工、专业工程师和应急专家进行现场处置，特种作业要落实好安全防护措施，严禁没有任何防护进入事故现场，进入有毒和窒息场所必须戴好空气呼吸器。

1.1.3.6 应急救援结束后的注意事项

救援结束后，做好机械、电器和易燃易爆管道的检查和人员清点工作，并认真分析原因，制定安全防范措施，防止类似事故发生，做好善后处理工作。

1.1.3.7 其他需要特别警示的事项

事故现场悬挂的警示牌要挂在明显的位置，警示的内容要符合实际，事故原因未查清严禁恢复生产。

1.2 设备检修安全管理

设备检修安全管理流程见附录1。

1.2.1 检修前的安全规定

根据设备检修项目的要求，作业部、检修单位应制定设备检修（施工）方案，方案必须包括组织机构、安全措施、检修项目安全负责人，并严格履行编制、审核、批准的程序。

危险作业，严格履行申请、审批手续，作业过程中设专人监护。

作业部应组织召开设备检修停机（炉）会议，确定设备检修施工组织中各环节的工作要求和安全注意事项。

设备检修前，必须签订安全生产管理协议。涉及两个以上检修单位发生交叉作业时，由作业部组织各方相互签订交叉作业安全生产管理协议。

凡从事检修、抢修及临时性工作，必须按照“谁施工，谁定措施，无措施，不施工”的原则，提前制定有针对性的书面安全措施，检修施工单位要针对作业特点制定切实可行的安全措施，配合单位（设备产权单位）要结合危险因素制定班组检修、抢修、临时性工作安全措施。安全措施必须经本单位上一级主管领导审批后执行。

检修前，作业部、检修单位应对参加检修作业的人员进行安全教育，安全教育主要包括以下内容：

（1）有关检修作业的安全规章制度、操作规程。

（2）设备检修（施工）方案、检修安全应急救援预案、安全措施等。

（3）检修中存在的危险因素、可能出现的问题及相应对策。

（4）检修中所使用的防护用品、用具的正确使用方法。

（5）相关事故案例和经验、教训。

检修前，作业部应指定项目配合人，对检修项目做好安全交底工作，确定挂警示牌的位置、数量，确认开关、阀门是否处于安全状态。

检修前，检修单位应对检修现场环境、设备、使用的工具进行检查、确认，做好危险因素辨识。

严格执行联系确认制和设备操作牌管理办法。

1.2.2 检修过程中的安全规定

参与检修的人员必须严格执行安全生产规章制度、本工种安全操作规程、设备检修施工方案、安全措施等要求。

设备检修项目发生变化时应及时修改、补充方案、安全措施。

在不完全停产或临时安排的设备检修时，必须设置围栏、警示，采取防护措施。

在设备检修区域内的在用设备、设施，若对设备检修人员存在威胁时，必须进行危险因素告知，并设置围栏、警示，采取防护措施。

在设备检修现场，安装、设置、使用的各种工具、设备、设施，必须符合国家标准和行业标准。

设备检修施工现场必须设置安全通道，任何单位不得占用。

检修单位应按照“先清理、后作业”的原则，提前将检修现场影响检修安全的物品清理干净。

检修作业中，对现场存在的可能危及安全的坑、孔、沟、池、平台等应采取有效防护措施，设置警示标志。

夜间及特殊天气的检修作业，需安排专人进行安全监护，夜间工作应设置充足照明及安全警示标志。

对有腐蚀性介质的检修场所应备有应急冲洗水源和相应防护用品。

多工种、多层次交叉作业时，应统一协调，专人指挥，采取相应的防护措施。

临近运行设备出现异常情况可能危及检修人员安全时，作业部应立即通知检修人员停止作业，迅速撤离作业场所。经处理，异常情况排除且确认安全后，检修人员方可恢复作业。

检修场所涉及的放射源，应事先关闭或采取相应的处置措施，使其处于安全状态。

从事有放射性物质的检修作业时，应通知现场有关操作、检修人员避让，确认好安全防护间距，设置明显的安全警示标志，并设专人监护。

进入易燃、易爆、危险化学品场所从事设备检修，应执行相应行业有关特殊规定要求。

当设备检修涉及高处、动火、动土、断路、吊装、抽堵盲板、有限空间等危险作业时，需按相关规定执行。

在设备检修施工中拆除的各种安全装置、防护设施，应及时设置可靠的临时防护。

1.2.2.1 用电安全

用电安全规定如下：

(1) 特殊场所的照明使用的安全电压应为：

1) 隧道、人防工程、高温、有导电灰尘、比较潮湿或灯具离地面高度低于2.5m等场所的照明，电源电压不应大于36V。

2) 潮湿和易触及带电体场所的照明，电源电压不得大于24V。

3) 特别潮湿场所、导电良好的地面、锅炉或金属容器内的照明，电源电压不得大于12V。

(2) 雾气较大场所必须安装、使用穿雾性能较强的密闭防雾照明灯具。

(3) 有腐蚀性气体及特别潮湿的场所，必须安装、使用密闭式灯具且各部件做好防腐处理。

(4) 多尘的场所应根据粉尘的浓度及性质采用封闭式或密闭式灯具。

(5) 灼热多尘场所应采用投光灯。

(6) 人员密集的公共场所和停电后可能危及人身安全的场所，应安装事故照明装置。

(7) 手持电动工具和移动式电器设备：

1) 必须安装与之相匹配的漏电保护器，严禁一闸多机使用。

2) 采取接零或接地时，接地电阻不得大于4Ω。

(8) 临时用电应办理用电手续，并按规定安装和架设。

(9) 在易燃易爆的工作场所作业时，必须使用防爆式电气设备、设施。

(10) 安全绝缘用具必须定期进行预防性耐压试验并做好记录。

(11) 使用安全绝缘用具前必须进行外观和性能检查，妥善保管，不得挪作他用。

(12) 安全绝缘用具预防性耐压试验不合格，禁止使用。

（13）在变（配）电所作业时，必须执行停、送电制度。

（14）人体与带电体间的最小安全距离不应小于表1-2的规定。

表1-2　人体与带电体间的最小安全距离

电压/kV	10	35	110	220
安全距离/m	0.70	1.00	1.50	3.00

（15）检修作业场所的用电设备施行三级配电。

（16）长期停用及新的手持电动工具、移动式电器设备，在使用前应摇测绝缘电阻，合格后方准安装使用。

（17）在金属容器内使用电气设备、工具工作时，漏电保护器必须放置在容器之外，并设专人监护。

（18）使用电焊机工作时，应具备下列条件：

1）电焊机外壳应完好，其一次、二次侧接线柱防护罩安装要牢固。

2）安装与之匹配的漏电保护器，并且采取接零或接地保护。

3）电焊机一次电源线长度不应超过3m，二次线应采用防水橡皮护套铜芯软电缆，长度不应超过30m且双线到位，并不应有裸露处，不得采用金属构件或结构钢筋代替二次线的地线。

4）交流电焊机除安装漏电保护器外还应安装交流弧焊机触电防护器。

（19）使用潜水泵时，必须安装漏电保护器，且半径30m水域内不得有人作业。

（20）移动式电气设备的临时配电线路，应符合下列条件：

1）严禁沿地面明敷设。

2）架空线路（400V以下）室内拉接高度应在2.5m以上，室外拉接高度应在3.5m以上，并采用橡胶护套绝缘软线。

3）暂时停用的线路应及时切断电源，使用完毕后应及时拆除。

（21）配电箱使用时，应符合下列条件：

1）露天设置的配电箱应牢固、完整、严密，箱门上应设置“当心触电”安全标志。

2）落地式配电箱的设置地点应平整、防止碰撞、物体打击、水淹及土埋。

3）在人员密集场所施工时，不得采用落地式配电箱。

1.2.2.2　气瓶装卸、存储、使用安全规定

气瓶装卸、存储、使用应符合下列安全规定。

A　装卸气瓶

（1）带好气瓶瓶帽和防震圈。

（2）安全帽必须旋紧，安全附件必须完好有效。

（3）搬运时要轻装轻卸，防止冲击和震动。

（4）严禁采用滚、抛、丢及其他容易引起碰击的方法装卸，必须用专门的抬架或小推车。

（5）吊运气瓶时，禁止直接使用钢丝绳等方式吊运气瓶。

（6）严禁用电磁起重机吊运。

B 存放气瓶

(1) 空瓶与重瓶必须分库存放。

(2) 远离高温、明火和熔融金属飞溅物。

(3) 储存气瓶的站和库要通风良好，不能日光曝晒，有降温措施。

(4) 储存间和库房应有专人管理，台账应清楚、准确无误。

(5) 必须在醒目位置设置“危险”“严禁烟火”等安全警示标志。

C 使用气瓶

(1) 严禁对气瓶瓶体进行焊接和更改气瓶的钢印或颜色标记。

(2) 严禁使用已报废的气瓶。

(3) 严禁将气瓶内的气体向其他气瓶倒装或直接由罐车对气瓶进行充装。

(4) 严禁自行处理气瓶内的残液。

(5) 气瓶与电焊机在同一现场使用时，瓶底应垫上绝缘物，防止气瓶带电。

(6) 与气瓶接触的管道和设备要有接地装置，防止产生静电造成燃烧或爆炸。

(7) 气瓶必须与高温、明火和熔融金属飞溅物距离10m以上。

(8) 夏季严禁在烈日下曝晒，存储区域应远离热辐射源，否则必须采取防暴晒或隔热措施。

(9) 气瓶中的气体严禁全部用尽，必须留有余气0.2~0.3MPa，气瓶保持正压。

(10) 安全附件必须完好有效。

(11) 氧气瓶和溶解乙炔气瓶放置时，间距不得小于5m。

(12) 开启瓶阀或减压器时动作要缓慢，防止气瓶和减压器着火、爆炸。

(13) 氧气瓶阀不得沾染油脂，严禁用沾有油脂的工具、手套或油污工作服等接触瓶阀和减压器。

(14) 严禁剧烈震动和撞击。

(15) 直立的气瓶必须设置防倾倒装置。

1.2.3 试车安全规定

检修结束时，现场应做到：

(1) 拆除临时的安全防护设施，恢复生产设备的安全防护设施、装置。

(2) 将检修所用的工器具、脚手架、临时电源、临时照明设备等应及时撤离现场。

(3) 将检修所留下的废料、杂物、垃圾、油污等清理干净。

试车前：

(1) 制定试车安全工作方案。

(2) 组织对参与试车人员进行教育培训。

(3) 设备试车区域设置围栏、警示。

(4) 组织对试车设备、周围环境进行检查确认。

试车时：

(1) 非试车人员不得擅自进入设备试车区域。

(2) 严禁擅自拆除或破坏试车区域设置的围栏、警示。

（3）严格执行联系确认制和设备操作牌管理办法。

（4）安全“六有”等装置临时不能恢复的，必须采取可靠的防护措施。

（5）远程操作控制的设备、设施，应在现场手动的状态下进行。

（6）在设备试车过程中，非本岗位人员一律不准操作设备。

（7）设备试车过程中发现问题，需要处理，应重新办理相关手续，严禁利用操作系统停电或其他停电机会进行处理。

1.3 职业病危害告知与警示标识管理

职业病危害告知是指通过与劳动者签订劳动合同、公告、培训等方式，使职工知晓工作场所产生或存在的职业病危害因素、防护措施、对健康的影响以及健康检查结果等的行为。

职业病危害警示标识是指在工作场所中设置的可以提醒劳动者对职业病危害产生警觉并采取相应防护措施的图形标识、警示线、警示语句和文字说明以及组合使用的标识等。

各单位应当依法开展工作场所职业病危害因素检测评价，识别分析工作过程中可能产生或存在的职业病危害因素，形成生产工艺流程图（示例见附录2），并将可能产生的职业病危害如实告知职工，在醒目位置设置职业病防治公告栏，同时在可能产生严重职业病危害的作业岗位以及产生职业病危害的设备、材料、贮存场所等设置警示标识，同时建立台账（见附录3）。

1.3.1 职业病危害告知

职业病危害告知包括以下几方面内容：

（1）产生职业病危害的单位应将工作过程中可能接触的职业病危害因素的种类、危害程度、危害后果、提供的职业病防护设施、个人使用的职业病防护用品、职业健康检查和相关待遇等如实告知职工，不得隐瞒或者欺骗。

（2）与职工（含劳务派遣人员）订立劳动合同（含聘用合同，下同）或在履行劳动合同期间因工作岗位或者工作内容变更时，应在劳动合同中写明工作过程可能产生的职业病危害及其后果、职业病危害防护措施和待遇（岗位津贴、工伤保险等）等内容以书面形式告知职工。格式合同文本内容不完善的，应以合同附件形式签署职业病危害告知书（示例见附录4）。

（3）产生职业病危害的单位应对职工进行上岗前的职业卫生培训和在岗期间的定期职业卫生培训，使职工知悉工作场所存在的职业病危害，掌握有关职业病防治的规章制度、操作规程、应急救援措施、职业病防护设施和个人防护用品的正确使用维护方法及相关警示标识的含义，并经书面和实际操作考试合格后方可上岗作业。

（4）产生职业病危害的单位应当设置公告栏，公布本单位职业病防治的规章制度等内容。

设置在办公区域的公告栏，主要公布本单位的职业卫生管理制度和操作规程等内容（示例见附录5）。

设置在工作场所的公告栏，主要公布存在的职业病危害因素及岗位、健康危害、接触限值、应急救援措施，以及工作场所职业病危害因素检测结果、检测日期、检测机构名称等（示例见附录6）。

（5）各单位要按规定组织从事接触职业病危害作业的职工进行上岗前、在岗期间和离岗时的职业健康检查，并将检查结果书面告知职工本人，书面告知记录文件（示例见附录7）要留档备查。

1.3.2 职业病危害警示标识

职业病危害警示标识的设置应遵循以下规定：

（1）在产生或存在职业病危害因素的工作场所、作业岗位、设备、材料（产品）包装、贮存场所设置相应的警示标识。

（2）产生职业病危害的工作场所，应当在工作场所入口处及产生职业病危害的作业岗位或设备附近的醒目位置设置警示标识。

1）产生粉尘的工作场所设置“注意防尘”“戴防尘口罩”“注意通风”等警示标识，对皮肤有刺激性或经皮肤吸收的粉尘工作场所还应设置“穿防护服”“戴防护手套”“戴防护眼镜”，产生含有有毒物质的混合性粉（烟）尘的工作场所应设置“戴防尘毒口罩”。

2）放射工作场所设置“当心电离辐射”等警示标识，在开放性同位素工作场所设置“当心裂变物质”。

3）有毒物品工作场所设置“禁止入内”“当心中毒”“当心有毒气体”“必须洗手”“穿防护服”“戴防毒面具”“戴防护手套”“戴防护眼镜”“注意通风”等警示标识，并标明“紧急出口”“救援电话”等警示标识。

4）能引起职业性灼伤或腐蚀的化学品工作场所，设置“当心腐蚀”“腐蚀性”“遇湿具有腐蚀性”“当心灼伤”“穿防护服”“戴防护手套”“穿防护鞋”“戴防护眼镜”“戴防毒口罩”等警示标识；

5）产生噪声的工作场所设置“噪声有害”“戴护耳器”等警示标识。

6）高温工作场所设置“当心中暑”“注意高温”“注意通风”等警示标识。

7）能引起电光性眼炎的工作场所设置“当心弧光”“戴防护镜”等警示标识。

8）生物因素所致职业病的工作场所设置“当心感染”等警示标识；

9）存在低温作业的工作场所设置“注意低温”“当心冻伤”等警示标识。

10）密闭空间作业场所出入口设置“密闭空间作业危险”“进入需许可”等警示标识。

11）产生手传振动的工作场所设置“振动有害”“使用设备时必须戴防振手套”等警示标识。

12）能引起其他职业病危害的工作场所设置“注意××危害”等警示标识。

（3）工作场所警示线的设置如下：

1）生产、使用有毒物品工作场所应当设置黄色区域警示线。

2）生产、使用高毒、剧毒物品工作场所应当设置红色区域警示线。

3）开放性放射工作场所监督区设置黄色区域警示线，控制区设置红色区域警示线。

4）警示线设在工作场所周围外缘不少于30cm处，警示线宽度不少于10cm。

5）室外放射工作场所及室外放射性同位素及其贮存场所应设置相应警示线。

（4）对产生严重职业病危害的作业岗位，除按要求设置警示标识外，还应当在其醒目位置设置职业病危害告知卡（示例见附录8）。

告知卡应当标明职业病危害因素名称、理化特性、健康危害、接触限值、防护措施、应急处理及急救电话、职业病危害因素检测结果及检测时间等。

符合以下条件之一，即为产生严重职业病危害的作业岗位：

1）存在矽尘或石棉粉尘的作业岗位。

2）存在“致癌”“致畸”等有害物质或者可能导致急性职业性中毒的作业岗位。

3）放射性危害作业岗位。

（5）使用可能产生职业病危害的化学品、放射性同位素和含有放射性物质的材料时，必须在使用岗位设置醒目的警示标识和中文警示说明（示例见附录9），警示说明应当载明产品特性、主要成分、存在的有害因素、可能产生的危害后果、安全使用注意事项、职业病防护以及应急救治措施等内容。

（6）贮存可能产生职业病危害的化学品、放射性同位素和含有放射性物质材料的场所，应当在入口处和存放处设置“当心中毒”“当心电离辐射”“非工作人员禁止入内”等警示标识。

（7）使用可能产生职业病危害的设备时，除按要求设置警示标识外，还应当在设备醒目位置设置中文警示说明（示例见附录10）。警示说明应当载明设备性能、可能产生的职业病危害、安全操作和维护注意事项、职业病防护以及应急救治措施等内容。

（8）可能产生职业病危害的设备或可能产生职业病危害的化学品、放射性同位素和含有放射性物质的材料，在设备或者材料的包装上必须依法设置警示标识和中文警示说明。

（9）高毒、剧毒物品工作场所应急撤离通道设置“紧急出口”，泄险区启用时应设置“禁止入内”“禁止停留”等警示标识。

（10）维护和检修过程中产生或可能产生职业病危害的，应在工作区域设置相应的职业病危害警示标识。

1.3.3 公告栏与警示标识的设置

公告栏与警示标识的设置应符合以下规定：

（1）公告栏应设置在产生职业病危害单位的办公区域、工作场所入口处等方便职工观看的醒目位置，告知卡应设置在产生或存在严重职业病危害的作业岗位附近的醒目位置。

（2）公告栏和告知卡应使用坚固材料制成，尺寸大小应满足内容需要，高度应适合职工阅读，内容应字迹清楚、颜色醒目。

（3）产生职业病危害的单位多处场所都涉及同一职业病危害因素的，应在各工作场所入口处均设置相应的警示标识。

（4）工作场所内存在多个产生相同职业病危害因素的作业岗位的，临近的作业岗位可以共用警示标识、中文警示说明和告知卡。

（5）警示标识（不包括警示线）采用坚固耐用、不易变形变质、阻燃的材料制作，有触电危险的工作场所使用绝缘材料，可能产生职业病危害的设备及化学品、放射性同位素和含放射性物质的材料（产品）包装上，可直接粘贴、印刷或者喷涂警示标识。

（6）警示标识设置的位置应具有良好的照明条件，无照明条件的区域应用反光材料制作的警示标识。

（7）公告栏、告知卡和警示标识不应设在门窗或可移动的物体上，其前面不得放置妨碍认读的障碍物。

（8）多个警示标识在一起设置时，应按禁止、警告、指令、提示类型的顺序，先左后右、先上后下排列。

（9）警示标识的规格要求等按照《工作场所职业病危害警示标识》（GBZ 158—2003）执行。

1.3.4　公告栏与警示标识的维护更换

公告栏与警示标识的维护更换内容如下：

（1）公告栏中公告内容发生变动后应及时更新，职业病危害因素检测结果应在收到检测报告之日起7日内更新。

生产工艺发生变更时，应在工艺变更完成后7日内补充完善相应的公告内容与警示标识。

（2）告知卡和警示标识应至少每半年检查一次，发现有破损、变形、变色、图形符号脱落、亮度老化等影响使用的问题时应及时修整或更换。

（3）产生职业病危害的单位应按照有关规定要求，完善职业病危害告知与警示标识档案材料（见附录11），并将其规范存档。

1.4　放射性同位素与射线装置安全防护管理

放射性同位素是指某种发生放射性衰变的元素中具有相同原子序数但质量不同的核素，包括放射源和非密封放射性物质。放射源是指除研究堆和动力堆核燃料循环范畴的材料以外，永久密封在容器中或者有严密包层并呈固态的放射性材料。射线装置是指X线机、加速器、中子发生器以及含放射源的装置。

1.4.1　项目管理

放射性同位素与射线装置的使用按国家规定执行许可制度。新、改、扩建项目涉及放射性同位素与射线装置的，需按照国家《放射性同位素与射线装置安全许可管理办法》的要求，办理核技术应用项目环境影响评价，放射性同位素与射线装置的种类和范围应符合公司辐射安全许可证的要求。

能源与环境部按照国家《放射性同位素与射线装置安全许可管理办法》的要求，组织相关单位委托有资质的环境评价单位办理环境影响评价，向政府环境保护部门申办、换领公司辐射安全许可证。

核技术应用项目环境影响评价通过环保部门审批后，能源与环境部组织现相关单位向环保部门办理放射性同位素转让审批和备案手续。转让放射源时，由放射源使用单位牵头组织公司与厂家签订放射源购买合同，包括放射源转让协议、回收协议和厂家提供的运输方案，经能源与环境部审核加盖公司印章后，报政府环保部门审批。

放射性同位素与射线装置投入使用后，使用单位应按照核技术应用项目环境影响评价批复的要求，配合能源与环境部向原环评审批部门提出验收申请，进行辐射竣工验收。

1.4.2 人员管理

按照国家《放射性同位素与射线装置安全和防护管理办法》的要求，辐射工作人员执行持证上岗制度。

使用放射源和射线装置单位，职工上岗前应组织相关岗位人员参加环保部门组织的辐射安全和防护培训，并取得“辐射安全与防护合格证”。

取得辐射安全培训合格证书的人员，应当每四年接受一次再培训。辐射安全再培训包括新颁布的相关法律、法规和辐射安全与防护专业标准、技术规范，以及辐射事故案例分析与经验反馈等内容，不参加再培训的人员其合格证书自动失效。

使用放射源和射线装置单位应按照职业卫生专业管理的有关要求，对辐射工作人员建立健康档案，组织放射工作人员进行岗前、岗中和离岗职业健康体检。辐射工作人员应佩带个人剂量计，定期进行剂量检测，检验结果纳入健康档案并长期保存。

1.4.3 日常管理要求

使用放射源和射线装置单位应建立本部门放射源及射线装置台账，发生变化时及时更新。台账中应记载放射性同位素的核素名称、生产厂家、出厂时间和活度、编码和类别、来源和去向，以及射线装置的名称、型号、主要技术参数、射线种类、类别、来源及去向等事项。

使用放射源和射线装置单位应落实辐射安全管理责任，成立辐射安全防护机构，每年签订辐射安全责任书。

使用放射源和射线装置单位应制定本部门放射性同位素和射线装置安全防护管理规定并贯彻实施。制定操作规程、岗位职责、辐射防护和安全保卫办法、设备检修维护办法，配备必要的防护用品和监测仪器。

使用放射性同位素与射线装置的场所，应当按照国家有关规定设置醒目的放射性标志，采取安全和防护设施，配备必要的防护安全联锁、报警装置或者工作信号。

放射性同位素与射线装置的包装容器、含放射性同位素与射线装置的设备，应当设置明显的放射性标识和中文警示说明。

放射性同位素与射线装置在线运行期间的日常安全管理由使用单位负责。岗位人员每班次对放射源进行巡查并做好记录，作业长每周对巡查记录进行检查确认，作业部环保人员每月检查不少于2次，发现异常及时向上级领导报告。

维护人员每周至少对所维护放射源进行巡检1次，并对发现的故障及时处理，按部门要求参加放射源有关的演练及各种突发故障的处理等。

使用放射源和射线装置单位应根据环保部门要求，制定部门放射性事故应急预案，并每年组织不少于1次的演练。

使用放射源和射线装置单位应根据环保部门及相关单位的要求，每年编写当年度辐射安全防护评估报告，报能源与环境部。

根据辐射管理要求，配合监测部门做好日常及年度辐射环境监测有关工作。

国庆、春节长假期间，放射源使用单位要将放射性同位素防范作为重点工作，并列入值班领导的重点巡检项目，节前对放射源进行安全检查，节日期间实行日报制度，并做好有关检查记录。

在公司临时使用放射性同位素和射线装置进行探伤等作业的单位，需提前3日到能源与环境部、保卫部登记、备案。

能源与环境部对探伤单位作业资质、所在地省（市）环保部门与省环保厅审批的放射性同位素异地备案表、人员培训取证进行审查。保卫部对探伤作业的治安防范措施等进行审查，经环保、保卫专业审查批准后方可作业。

各相关作业部、探伤作业单位探伤期间要严格按照作业方案落实防护措施，责任明确到人，防止放射源丢失、被盗及放射性污染事故等情况的发生。

1.4.4 检修移动管理

含源设备检修前，使用单位和检修单位共同制定放射源防盗窃、防丢失、防机械性破坏安全措施，防止检修过程中出现放射性突发事故。

严禁任何单位和个人随意移动、拆卸放射源。放射源的安装、拆卸必须由专业生产厂家或与相关单位签订协议有资质的核仪表维护单位负责，严禁雇用临时人员从事放射性工作。

含源设备检修时，确需将放射源临时拆除送到暂存库存放的，实行报告审批制度，由使用单位制定详细的拆除方案及应急措施，提前3日向能源与环境部、保卫部、供料作业部提出申请，经批准后方可进行。

新增放射源和原有放射源迁移新址前，使用点位的防范措施必须先行落实，经保卫部审核通过后，方可进行放射源安装工作。

1.4.5 废旧金属回收熔炼管理

供应管理部采购废旧金属时，应当在与出卖方签订的合同或协议中，提出禁止带入含有放射性物质的条款内容，并要求出卖方在运送废旧金属时提交相应的承诺书或证明，便于出现问题时安全责任的界定。

废旧金属回收单位，应根据国家《关于加强废旧金属回收熔炼企业辐射安全监管的通知》要求，配套建设辐射监测设施，确保所有废旧金属入厂前、入炉前均经放射性监测。

监测系统的设置及具体参数，应符合国家《电离辐射防护与辐射源安全基本标准》（GB 18871—2002）的要求。

废旧金属回收单位应加强日常监测系统的运行管理，并如实做好监测记录。配备必要的防护服及便携式监测仪器，建立相应的操作制度及应急联系报告制度，发现问题及时向单位领导、生产、保卫、环保部门报告。

1.4.6 运输管理

运输放射源及含放射源的射线装置应当遵守国家《放射性物品运输安全管理条例》等

法律法规的规定。

有关单位报废旧源通过道路运输的，应委托具备危险货物运输资质的企业承运，签订运输合同，注明托运放射性物质的品名、数量、性质、危害等情况。委托单位签订合同时应知会保卫部，由其对受委托方道路运输资质进行审查。

厂内运输放射源的，应报保卫部批准，使用经审批合格的机动车辆，规划详细的运输路线，驾驶员需有5年以上的驾驶经验，装卸人员、押运人员应当掌握放射性物质的安全防护知识，做到定车、定人、路线。

厂内运输放射源车辆货箱内不准同时搭载其他物品，运输全过程中设押运人员，并有保卫人员监护，应按照国家有关规定设置明显的放射性标志或者显示危险信号。

放射源装车运输前必须按规定进行包装、经由现场拆除人员监测合后再装车运输。

1.4.7 放射源暂存管理

公司设置专用放射源暂存库，对非在线使用放射源进行暂时存放。各部门的放射源凡是离线的按规定及时送交放射源暂存库，统一存储管理。

放射源暂存库入口处应张贴电离辐射标志和中文警示说明，要有严密的安保措施，24h有人值班，实行双人双锁联管，采取防雨、防火、防盗、防丢失措施，满足辐射防护和实体保卫的要求。

放射源暂存库治安防范措施应满足《剧毒化学品、放射源存放场所治安防范要求》（GA 1002—2012）视频监控装置信息存储时间不少于30天，时间误差小于±30s，监控装置出现问题时，应及时通知相关人员进行维护并如实、详细填写有关记录。

放射源暂存库仅作为放射源的存放场所，严禁库内存放放射源之外的其他任何物品。

贮存、领取放射性同位素时应及时进行登记、检查，做到账物相符。放射源出入库的有关管理具体由相关部门制定相关的管理办法。

1.4.8 放射源报废管理

放射源使用单位对现役放射源不再使用或无法继续使用时应及时申请报废，设备部、保卫部、能源与环境部对作业部提出的报废申请提出意见，经单位领导批准后方可报废。

废源报废应返回生产厂家或送贮省放射性废物库。送贮省放射性废物库时，能源与环境部根据批准后的报废申请，组织放射源使用单位向市级、省级环保部门办理有关手续，经批准后联系第三方公司运送报废放射源。

放射源使用单位与第三方公司签订运源处置合同，委托其将报废源送到省放射性废物库，并承担有关处置费用。

1.4.9 放射性事故处理

能源与环境部、放射源使用单位应编制单位和部门放射性污染事故应急预案，经单位和部门主管领导批准后实施。

放射源使用单位应按照本部门放射性环境污染事故应急预案的规定，每年定期组织不少于 1 次的演练，并保存相关记录不少于 2 年。

发生放射性事故时，事故部门应立即按事故应急预案规定的要求采取应急措施，并在 1h 内上报管控中心、能源中心和能源与环境部、保卫部，能源与环境部负责上报上级环保部门，保卫部负责上报公安部门。

2 环境保护

2.1 固体废物污染环境防治管理

固体废物是指在生产、生活和其他活动中产生的丧失原有利用价值或者虽未丧失利用价值但被抛弃或者放弃的固态、半固态和置于容器中的气态的物品、物质以及法律、行政法规规定纳入固体废物管理的物品、物质。

对公司生产过程中产生的废油、废酸、废电瓶、废碱液、含油污泥、表面处理废液、生化污泥、焦油渣、锌渣、废脱硝催化剂（钒钛系）等危险废物的污染防治纳入管理范畴。

各单位在固体废物污染环境防治过程中，要本着减少固体废物的产生量和危害性、充分合理利用固体废物和无害化处理、处置固体废物的原则，采取有利于固体废物利用活动的经济、技术改造和措施，促进清洁生产和固体废物充分回收、合理利用。

2.1.1 固体废物污染环境防治与监督管理

各单位在建设贮存、利用、处置固体废物的项目时必须依据单位建设规划，符合相应的设施选址、设计规范和环境保护标准的要求。

产生工业固体废物的单位要合理选择和利用原辅材料、能源和其他资源，采用先进的生产工艺和设备、减少工业固体废物产生量，降低工业固体废物的危害性。

禁止进口列入国家“禁止进口目录”的固体废物，进口列入“限制目录”及列入“自动许可进口目录”的固体废物，必须经能源与环境部审查后，按要求办理相关审查许可及自动进口许可手续。

各单位需配合能源与环境部按照当地政府环保部门规定开展固体废物申报登记工作，提供固体废物的种类、产生量、流向、贮存、处置等有关资料。

收集、贮存、运输、利用、处置工业固体废物设施、设备和场所的经营和使用单位，必须建立健全规章制度，保证其设施正常运行和使用。对收集、贮存、运输、流向、处置的固体废物数量建立相应的台账。

收集、贮存、利用、处置工业固体废物的设施和场所，必须采取防扬散、防流失、防渗漏或其他防止污染环境的措施。

固体废物的运输要采取防止扬散、溢漏等防止污染的措施。对运输除尘灰等易产生扬尘的固体废物要确保运输车辆有效密闭，运输杂土、垃圾等废物必须覆盖严密或采取加湿等措施。

对施工过程中产生的固体废物，工程施工单位应当及时清运，并应按照政府相关部门的规定进行利用或者处置。

不得擅自倾倒、堆放、丢弃、遗撒固体废物。

除尘灰、转炉钢渣、高炉水渣、粉煤灰、氧化铁皮、瓦斯灰等固体废物应变废为宝，充分综合利用。对暂时不利用或者不能利用的固体废物，必须贮存在符合国家环境保护标准的设施、场所，安全分类存放或者采取无害化处置措施。对无法利用确需排放的应到政府相关部门认定的场所消纳。

未经允许，禁止擅自关闭、闲置或者拆除固体废物污染环境防治设施、场所，确有必要关闭、闲置或者拆除的，需经能源与环境部审核同意后方可实施。

委托他人运输、处理、加工固体废物或将固体废物销售给外单位时，负责固废处置业务的单位要与委托处理或外销单位签订环保协议，做到运输、处理、加工及销售固体废物过程中不得发生环境污染。

收集、运输、处置生活垃圾，应当遵守国家有关环境保护和环境卫生管理的规定，防止污染环境。建设生活垃圾处置的设施、场所，必须符合国家规定的环境保护和环境卫生标准。

2.1.2　危险废物污染环境的防治管理

所称的危险废物，是指列入《国家危险废物名录》或者根据国家规定的危险废物鉴别标准和鉴别方法认定的具有危险特性的废物。

产生、收集、贮存、运输、利用、处置危险废物的单位，应当制定意外事故的防范措施和应急预案，并向能源与环境部备案。在发生事故或其他突发性事件，造成危险废物严重污染环境时，必须立即启动应急预案，采取有效措施，消除或减轻污染危害。

各单位对在生产、检修等作业过程中产生危险废渣、废液必须采取有效的防污染措施，严禁利用渗坑、渗井、溶洞、裂隙、排水管道倾倒、贮存、处置工业危险废物。严禁将危险废物排入水体或在土壤中填埋。

产生废酸液、废碱液、废油、废酸焦油等危险废物的单位，应建立相应的管理制度及台账，定期检查危险废物产生、利用、处置情况。

对存放危险废物的容器和包装物以及收集、贮存、运输、处置危险废物的设施、场所必须设置危险废物识别标志。

各单位在收集、贮存、运输、处置危险废物时，必须按照危险废物特性分类进行，禁止混合收集、贮存、运输、处置性质不相容且未经安全处置的危险废物；除含油抹布、含油油手套可以与生活垃圾混放外，禁止将其他危险废物与一般固体废物混放。

运输危险废物时，必须采取防止污染环境的措施，并遵守国家有关危险废物管理的规定。运输有害废液时，运送容器必须采取防腐、防渗漏等污染控制措施。

用于收集、贮存、运输、处置危险废物的场所、设施、设备和容器、包装物及其他物品转作他用时，必须经过消除污染的处理，方可使用。

禁止将危险废物提供或者委托给无危险废物经营许可证的单位收集、贮存或处置。

2.1.3　固体废物污染土壤的预防与修复

合理选择和利用原材料、能源和其他资源，采用先进的生产工艺和设备，减少工业固体废物的产生量，降低各固体废物的危害性。

在确保安全的情况下，对产生工业固体废物的设施进行防渗、密封处理，避免对土壤造成污染。

根据经济、技术条件对产生的工业固体废物加以利用；对暂时不利用或者不能利用的，必须按相关规定建设贮存设施、场所，安全分类存放，并做好防渗、密封措施，或采取无害化处置措施。

污染场地责任单位在保障用地安全情况下，按照建设规划、修复后土地的利用方式、土壤污染状况等因素综合考虑土壤治理与修复技术，短期内无开发计划的土地可采用生态修复或管理控制等方法进行修复治理与控制；近期需要开发的土地应优先采用先进成熟、经济有效的方法进行治理修复。

治理与修复设施严格按照工艺流程、设备运行操作规程和安全操作规程运行。治理与修复过程中产生的废水、废气和废渣等污染物进行处理，达到国家或地方规定的标准。

污染场地采用异位处理的土壤应严格按相关法律法规进行运输、储存和后续处理处置，避免造成二次污染。

污染场地责任单位按当地政府部门要求办理治理修复工程环评手续。

污染场地责任单位要委托环境监理对治理修复全过程进行监理。

污染场地土壤治理与修复工程结束后，污染场地责任单位要组织开展预验收工作，获得验收批复后，方可进行土地开发。

污染场地责任单位对治理后的土壤按要求进行合理处置，避免造成二次污染。

2.2　水污染防治管理

凡直接（焦化部、冷轧部、热轧部等）或间接（炼铁部、工程部、设备部、办公室等）产生工业废水和水污染物的生产工艺都要按照水清洁生产的原则进行设计和组织生产，控制废水的产生和外排，使废水在本单位内部或本区域各单位之间得到充分利用，其余排水送至公司综合污水处理站回收，经处理后再利用，从全过程控制水污染物的产生，合理利用水资源。

工业废水实行清浊分流，经过处理充分重复利用；各供水泵站补水操作时不得边补边溢；用水设施严控跑冒滴漏。工业废水排放应当按照国家有关规定设置排污口，并进行规范管理，禁止私设暗管或采取其他回避监管的方式排放废水。

各单位要做好废水处理设施的运行、维护、检修管理，确保废水处理达标。

能源与环境部对各排水口定期进行监测，有监测条件的单位对本部门排水定期进行监测；各单位要在本部门重点关注的水处理设施排水口建立在线监测装置，并负有管理责任。

新建设废水处理设施或大修改造应采用先进、适用、有效、经济的水处理和重复利用技术，并不断创新，以同行业国际国内先进水平为目标，持续提高水资源利用和水污染防治工作水平。

废水处理设施发生临时停机的单位，必须向能源与环境部环保处履行报批手续，未经批准，任何单位不得擅自停运污水处理设施。污水处理设施停用或拆除需提前报能源与环境部批准。

对所有可能发生水污染事故的单位应当制订防治水污染事故的应急预案，并定期演练，提高现场应急处置能力，能环部环保专业对演练期间全过程监督。

废水处理设施岗位要严格执行“三规一制”，同时相关记录台账齐全。岗位操作人员必须经过本部门组织的培训、考试，合格后才能上岗。生产工艺中产生、排放水污染物岗位的工作者，由本单位进行环保教育，提高环保意识。

设备部安排检修的项目需外排水时，应督促检修单位提前向能源与环境部申报，经环保处、技术处批准后方可实施；发生突发性排水，需立即向能源与环境部汇报，能源与环境部接到汇报后立即组织综合污水处理站采取相应措施，减少影响并进行监督性监测。

项目责任单位负责工程项目全过程管理，需施工降水时，项目责任单位督促施工单位提前向能源与环境部环保处办理施工排水申请，批准后方可排水。

各单位禁止向厂区排水管网、雨排管网、下水道、南北明渠等处倾倒或排放工业和生活固体废物、油类、放射性物质、酸液、碱液、有毒有害废液及污染物超标的废水。

各单位因设备酸洗、用蒸汽吹扫煤气管道等可能导致废水水质异常的生产活动，设备部负责督促检修单位提前制定方案采取措施防止环境污染。

各单位禁止利用渗坑、渗井、裂隙及漫流等方式排放、倾倒含有毒有害污染物的废水。

各单位在汛期要采取有效措施，防止易流失物质进入雨水、排水管网；设备部负责在油料储区需设置有效的隔油设施；严禁在排放雨水的同时借机稀释排放有毒有害或污染物超标的废水。

为防止地下水污染，各单位禁止将可溶性危险废物和含放射性的物质直接埋入地下。存放、处置含有毒有害物质的废渣、废液必须采取有效的防治污染措施。

2.3 大气和环境噪声污染防治管理

2.3.1 大气和环境噪声污染防治的监督管理

向大气排放污染物或产生噪声的单位优先采用能源利用效率高、污染物排放量少的清洁生产工艺，并按照清洁生产的原则组织生产，做到全过程控制大气污染物、噪声的产生和排放。

严格控制生产工艺条件，生产工艺设备和环保设备做到有效配合，不发生各种大气污染物异常排放现象。生产工艺产生的有害废气和有害粉尘必须净化处理，不得超标排放。

原料存放和转运场地在建设和改造时首先选用筒仓、厂房等防扬尘防流失的存储方式，在不具备条件时设置防尘网并采用苫盖、打水、喷洒覆盖剂等措施。装卸、转运易扬尘物料时要采取有效控制措施。

严禁使用风管清扫岗位积灰；在清除高位积灰时不得高位抛撒，防止扬尘污染；加强除尘器输灰系统的运行管理，防止漏灰扬尘。

各部门根据责任分工，对路面进行清扫、洒水，保持路面清洁，防止扬尘污染。

高炉、转炉、焦炉煤气要在净化处理后回收利用，确需向大气排放时，采取燃烧或其他减轻大气污染的措施。其中对焦炉煤气应当采取脱硫措施，并对氨、焦油、苯、萘等成分进行回收转化，减少大气污染物的排放。

电厂燃煤锅炉、烧结机、球团焙烧机等应配套建设脱硫设施并与生产设施同步运行，符合污染物排放标准及排放总量限值要求。

电厂燃煤锅炉、烧结机、球团焙烧机、轧钢加热炉、炼铁热风炉、石灰窑等设施采取措施降低氮氧化物排放量，符合氮氧化物排放标准和排放总量限值要求。

酸洗、碱洗、酸再生等工艺产生的酸碱雾进行净化处理，符合污染物排放标准。油雾发生量大的轧机、空压机、食堂灶台等配套油雾捕集处理设施并与生产作业同步运行。

向大气排放异味气体、挥发性有机物、苯并芘及其他污染物的排污单位，按照国家或地方政府的要求，采取处理措施，防止周围地区受到污染。彩涂、焦化等产生的挥发性有机物采用密闭或其他污染防治措施。未采取有效措施禁止焚烧沥青、油毡、橡胶、塑料、垃圾以及其他产生有毒有害烟气和恶臭气体的物质；运输、装卸和贮存能够散发有害气体的物质时，需采取密闭或其他防护措施。

遇特殊环境质量要求时，有关单位组织制定相应环保管控方案，能源与环境部做好检查工作，确保环保措施落实。

在接到政府部门发布的重度污染应急响应通知后，按照响应级别要求，采取相应措施，控制大气污染物的排放。

空压机、制氧机、风机、水泵、放散阀等易产生噪声污染的设备及管道吹扫作业，应设置隔音设施或安装噪声防治装置，达到规定的环境噪声标准。

各单位要减少各种气（汽）的跑、冒、滴、漏问题发生，采取有效措施，消除由此产生的噪声污染。

2.3.2　大气污染物净化设施和降噪设施管理

实施大气污染物净化设施和降噪设施的运行、维护、检修全过程的管理，确保大气污染物净化设施和降噪设施与生产主体设备同步运行、维护、检修。

各单位建立健全大气污染物净化设施和降噪设施的技术档案（施工图纸、设计方案、除尘设施使用说明书及各种工程验收资料等），便于检修及管理。

大气污染物净化设施岗位《设备运行记录》《设备检修记录》等台账齐全，并按要求填写。

大气污染物净化设施岗位操作人员需经过专业培训，考试合格后方能上岗操作。

大气污染物净化设施计控设备和在线监测设施出现故障或数据异常时，所在单位要及时通知相关管理部门进行处理，确保计量仪表数据准确可靠。

对给大气污染物净化设施提供风、水、电、气等能源介质的设备要定期进行巡检、维护，确保净化设施正常运行。

大气污染物净化和降噪设施不得擅自拆除或闲置，确有必要拆除或闲置时，应事先报能源与环境部批准后，方可实施。

环保设施检修时应选用综合实力强、有相关检修业绩的单位，确保检修后，设备能够正常、稳定、高效运行，污染物达标排放。

第二大气污染物净化设施检（抢）修完毕后，由设施所在作业部及检修单位组成联合验收组，对检（抢）修质量进行检查验收并签认。

各有关单位应针对本单位各类型大气污染物净化设施的特点，适量储备一些质量合格的重要备件和易损备件，以满足正常运行需要。

2.3.3 环保设施临时停机管理

纳入环保设施的临时停机管理的情况有：未与环保局联网的环保设施在相应的生产设备正常生产情况下的检修停机和故障停机；与环保局联网的环保设施发生的一切情况下停机。

发生环保设施临时停机的单位，必须向能源与环境部环保处履行环保设施临时停机报批手续，未经批准，任何单位不得擅自停运环保设施。

环保设施因故不能按审批停机时间投运的，由设备使用单位提前一天向能源与环境部环保处办理停机延期审批手续。

生产设备正常生产情况下，环保设施发生突发性故障并影响正常运行，设备使用单位需立即组织抢修，电话通知单位能源与环境部环保处，并补办环保设施临时停机审批手续。

2.3.4 施工现场环保管理

公司项目责任单位在与施工单位签订施工、检修合同时，应同时签订《施工（检修）项目环境保护协议书》，施工、检修单位要结合项目施工、检修可能产生的大气、噪声等污染因素，明确环境保护管理责任及要求，制定出污染防治措施，并组织贯彻落实。

工程、检修项目的总承包人全面负责现场施工的污染防治组织管理工作，对产生的污染环境等违法行为承担责任。工程施工、检修单位指定现场环保监督员，监督检查施工过程中污染防治措施落实情况，并协调解决各类环保问题。

公司能源与环境部以及各项目责任单位要监督、检查环境保护管理和防污染措施落实情况，其中包括：

（1）监督、检查项目责任单位与施工单位《施工（检修）环境保护协议书》签订情况。

（2）监督、检查施工单位开工前环境保护教育情况以及防污染措施的制定与实施情况。

（3）针对检查中发现的污染隐患，要求项目责任单位限期整改、必要时责令其停工整顿。

（4）对造成环境污染的施工、检修单位，给予考核，必要时责令其停止作业。

责任单位的环保管理人员对项目实施全过程的现场环境污染防治措施落实情况的监督、检查，并协助施工、检修单位解决出现的环保问题。

在施工工地周边设置围挡，高度不低于1.8m；采取道路硬化、土堆苫盖等控制污染措施；遇有大风天气，根据环保部门要求，停止土方作业以及其他可能产生扬尘污染的施工。

2.3.5 机动车污染防治管理

机动车产权单位建立机动车尾气排放情况台账，统计、分析检测情况，提出相应的防治措施；尾气排放超标车辆经治理、复检合格后方可上路行驶。

加强机动车定期维护保养，确保在日常使用中尾气达标排放，并按地方环保部门的要求到指定地点进行尾气检测。

外租车辆纳入本单位环保管理体系，在签订承租合同、协议时明确环保管理要求。

运输易扬尘、遗洒物料时要采取苫盖等防扬尘、遗洒措施；运输除尘灰要采用密封罐车，防止装卸灰扬尘。

3 成本控制

3.1 轧钢技术经济指标

3.1.1 钢材合格率

钢材合格率是反映产品在生产过程中技术操作和管理工作质量的指标，它是指合格钢材产量占钢材总检验量的百分比。其计算公式为：

$$合格率（\%）= \frac{检验合格量（t）}{检验总量（t）} \times 100\%$$

计算说明：

（1）判定钢材质量的依据是国际标准、国家标准、部颁标准、经上级主管部门批准的企业内控标准或合同中的技术规范。钢材的质量包括内在和外表质量两个方面。内在质量指物理性能、金相组织和化学成分等；外表质量是指外形、规格、表面光洁度和色泽等。

（2）凡是按国际标准、国家标准、部颁标准、企业内控标准和技术协议生产的钢材，均应进行质量考核。

（3）产品经判定，可分为合格品、改判品、不合格品。

3.1.2 成材率

成材率指成品质量与投料之比的百分数，即 1t 原料能够生产出的合格产品的质量分数。

成材率的倒数就是金属消耗系数。

成材率是轧钢车间生产中的一项重要指标，它的高低反映了生产管理和工艺技术设备等各方面的水平，直接影响企业的生产成本。因此，产前必须对其进行正确估算。

3.1.2.1 坯→材

$$成材率（\%）= \frac{合格钢材产量（t）}{钢坯耗用量（t）} \times 100\%$$

3.1.2.2 热轧材→冷加工

$$成材率（\%）= \frac{合格冷加工钢材产量（t）}{热轧材耗用量（t）} \times 100\%$$

3.1.2.3 影响成材率的主要因素

凡是造成废品的生产及销售因素都是影响成品率的因素，主要包括以下几方面：

（1）烧损。氧化烧损，占 1%~5%。一般表面积越大、加热时间越长、温度越高、气氛氧化性越强则烧损越大。

（2）溶损。在酸、碱或化学处理等过程中的损失，占 0.1%~1.0%。

（3）几何损失。切头、切尾、切边残屑消理（车皮、锯切、铲），占1%~10%。

（4）工艺损失。技术损失、各工序由于设备、工具、技术操作及表面介质等问题造成的质量不合要求的产品，如轧断、轧卡、卡钢、超差、浪形、轧扭、腰薄、耳子、性能不合格等。

由于成材率直接影响生产成本，因此实际生产中应尽可能采取措施提高成材率，主要应从工艺、设备、原料、管理（操作）四个方面入手。

3.1.3 钢材物料消耗

钢材物料消耗是指生产1t合格钢材所耗用的某种物料数量。

3.1.3.1 原材料消耗

原材料消耗是指生产1t合格钢材所需耗用的坯料质量，也等于成材率的倒数。其计算公式为：

$$原材料消耗（kg/t）=\frac{原材料消耗量（kg）}{合格钢材产量（t）}$$

$$金属消耗系数=\frac{1}{成材率}$$

3.1.3.2 轧钢工序单位能耗

轧钢工序单位能耗是指生产1t合格钢材需耗用的各种燃料及动力折合为标煤的数量。其计算公式为：

轧钢工序单位能耗折标煤量（kg/t）

=全厂燃料及动力等耗能总量－余热回收外销量（kg/t）/合格钢材产量（t）

3.1.3.3 轧辊消耗

轧辊消耗是指每生产1t合格钢材需用的轧辊量。其计算公式为：

轧辊消耗（kg/t）=轧辊消耗量(kg)/合格钢材产量（t）

3.1.3.4 动力消耗

动力消耗是指每生产1t合格钢材所耗用的总用电量。其计算公式为：

动力消耗（kW·h/t）=动力消耗量(kW·h/t)/合格钢材产量（t）

3.1.4 产量

3.1.4.1 轧机小时产量A

轧机小时产量指轧钢机轧制某一品种的产品时，单位时间内生产出的产品质量，也称轧钢机的生产率。常以小时、班、日、月和年为时间单位计算，其中小时产量为常用指标，通常技术上可以达到的小时产量为：

$$A=3600Qb/T\ (t/h)$$

式中 Q——原料质量，t；

T——轧制节奏，s；

b——成品率，%。

3.1.4.2 轧机实际小时产量 A_1

轧机实际小时产量需乘以轧机利用系数。

$$A_1 = 3600QK_1b/T\ (\mathrm{t/h})$$

式中 K_1——轧机利用系数，$K_1 \approx 0.80 \sim 0.85$。

K_1是实际轧制节奏时间与理论轧制节奏时间的比值。K_1受以下几个因素影响：由于操作失误造成一次没有送入辊缝；轧件打滑；翻钢不成功；前后工序不协调造成的时间耽搁；生产中的零星小事故但不需要停车修理造成时间损失（如换孔型、调整导卫）等。

总之在没有停车的情况下所造成的时间损失使得轧机实际达到的小时产量要小于理论小时产量，二者之比即为轧机利用系数。

3.1.4.3 轧机平均小时产量 A_p

当一个车间有若干个品种时，每个品种的小时产量有可能不同，为计算出年产量，就必须算出轧机轧制的所有产品的平均小时产量，也称为综合小时产量。

计算平均小时产量有两种方法。

方法一：按轧制品种的百分数计算 A_p。

$$A_p = 1/(a_1/A_1 + a_2/A_2 + \cdots + a_n/A_n)\ (\mathrm{t/h})\ （加权平均取倒数）$$

式中 a_1，a_2，…，a_n——不同品种在总产量中的百分数；

A_1，A_2，…，A_n——不同品种的小时产量。

方法二：按劳动量换算系数 x 计算 A_p。

选取一个或几种产品作为标准产品，以其他产品的单品种小时产量与标准产品的小时产量相比，得出劳动量换算系数，将各产品的单品种小时产量乘以换算系数，即可得到经过换算后的与该品种相当的平均小时产量。

$$x = A_b/A$$

式中 A_b——标准产品的小时产量，t/h；

A——某产品的小时产量，t/h。

劳动量换算系数 x 可根据现场生产流量数字来确定，主要考虑生产产品时的难易程度。某些参考资料中都能查到各种产品的劳动量换算系数。

将方法一和方法二的公式结合后可得到：

$$A_p = 1/(a_1/A_1x_1 + a_2/A_2x_2 + \cdots + a_n/A_nx_n)\ (\mathrm{t/h})$$

3.1.4.4 影响轧机小时产量的因素

影响轧机小时产量的主要因素有原料质量、成材率、轧制节奏、轧机利用系数。

（1）原料质量。一般规律是坯料质量 G 越高，则小时产量 A 越高；当坯料断面不变时，坯料质量越高则小时产量越高，如采用无头轧制可增加产量。若断面面积增加则小时产量开始增加，后期减小。

（2）成材率。成材率提高则小时产量增加，故应减少各项轧制损失。

（3）轧机利用系数。轧机利用系数提高则小时产量增加。显然，提高操作水平和事故处理水平，提高轧钢设备的自动化、机械化程度和加强管理都可以有效地提高轧机利用系数。

（4）轧制节奏。轧制节奏 T 越短，则小时产量 A 越高。故实际生产中，对横列式轧机可利用合理分配轧制道次，使各架轧机负荷均匀，减少间隙时间，实行交叉轧制，强化轧制增加压下量等方法提高小时产量。

应注意的是，不同的轧机布置形式其轧制节奏是不一样的，如图 3-1 所示。

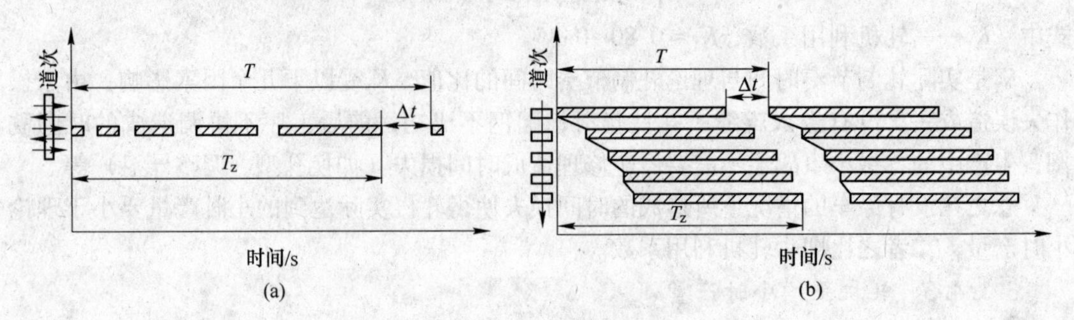

图 3-1　轧机工作图表

（a）单机架可逆轧机的工作图表；（b）五机架冷连轧机的工作图表

3.1.5　轧钢机日历作业率

轧钢机日历作业率是反映轧钢机设备在日历时间内利用程度的一个指标，它是指轧钢机实际工作时间占日历时间的百分比。其计算公式为：

日历作业率（%）= 实际作业时间(h)/日历时间(h)×100%

需要注意的是：

（1）实际作业时间是指设备的实际运转（开动）时间，包括试小料和设备在生产过程中的间隙、空转时间。

（2）日历时间是指报告期全部日历时间，不论设备是否开满 3 班，也不论公休、假日是否开动，均按报告期的日历天数×24h 计算。

3.2　热轧板带作业区成本指标货币化管控

3.2.1　指标部分

指标部分包括：

（1）每减少 1h 停机，可减少消耗成本 2.1 万元。

（2）每超产 1000t，一热轧固定费用成本每吨降低 0.2 元。

（3）氧化烧损每降低 0.1%，吨钢成本可降低 1.93 元，一热轧月可降成本 61.76 万元。

（4）中间坯切损每降低 0.1%，吨钢成本可降低 1.4 元，一热轧月可降成本 44.8 万元。

（5）每减少切头尾 10mm，可少损失 3.5kg，可降低成本 5 元。

（6）每减少 1 块废钢，可降低成本 5.15 万元。

（7）每减少 1 卷锥形卷、松卷废钢，可降低成本 3.5 万元。

（8）每减少 1 块回炉坯，可降低成本 1406 元。

（9）每消化 1 块回炉坯，可降成本 3 万元。

（10）每减少1卷缺陷降级协议品（包括尺寸、表面、性能、卷形等），可降低成本12500元。

（11）每减少切损1t可降低成本1400元。

（12）每减少管线钢裂纹缺陷1卷，可降低成本47600.00元。

（13）每减少1卷温度异常，可降低成本4200.00元。

（14）每减少1卷头部塔形、凸台缺陷，可降低成本2500.00元。

（15）每减少1卷尾部塔形，可降低成本120.00元。

（16）在线每多取样1卷，比库内取样，可降低成本60元。

（17）每减少1卷喷号不清，可降低成本160元。

（18）库内开卷每少切1m少损失128kg，可降低成本179元。

（19）平整机每少切1m，可降低成本50元。

（20）平整机每减少1卷二次生产钢卷，可降低成本1225元。

（21）每少1次模轧，可降成本1500元。

（22）每减少1次非计划换辊（一对轧辊），可降低成本8700元。

（23）每节约1根精轧F6工作辊刻花纹，可节约成本47795.00元。

（24）每节约1mmR1工作辊，一热轧可降低成本6814.53元。

（25）每节约1mmR2工作辊，一热轧可降低成本4078.21元。

（26）每节约1mmF1-F3工作辊（高铬铸铁），一热轧可降低成本3521.62元。

（27）每节约1mmF1-F3工作辊（高速钢），一热轧可降低成本4154.21元。

（28）每节约1mmF4-F6工作辊，一热轧可降低成本1614.47元。

（29）每节约1mm支撑辊，一热轧可降低成本5668.43元。

（30）每节约1mmE2立辊，可降低成本2273.24元。

3.2.2　回收部分

回收部分包括：

（1）每回收1t非生产废钢，可降低成本1000.00元。

（2）每回收1t氧化铁皮，可降低成本100.00元。

（3）每回收1t普通废板，可降低成本800.00元。

（4）每回收1t管线废钢，可降低成本1000.00元。

（5）每回收1t检废卷，可降低成本800.00元。

（6）每回收1t硅钢，可降低成本1000.00元。

（7）每回收1t加热班组炉渣，可降低成本200.00元。

3.2.3　燃料动力部分

燃料动力部分包括：

（1）吨钢燃耗每降低1m^3，一热轧吨钢可降低成本0.31元，月可降成本10.85万元。

（2）出炉温度每降低10℃，可降低氧化烧损0.003%，降低成本0.05元/t。

（3）出炉温度每降低10℃，可减少煤气消耗1.2m^3/t，降低成本0.28元/t。

（4）在炉时间每缩短10min，可降低氧化烧损0.02%，降低成本0.34元/t。

（5）综合排烟温度每降低10℃，可减少煤气消耗0.5m^3/t，降低成本0.12元/t。

（6）液压站每台主泵电机每少运行1h，可降成本40元，12台可降成本480.00元。

（7）一热轧轧制节奏缓慢或检修时，在温度条件具备的情况下，单台助燃风机每少运行1h，可降成本20~40元。

（8）每节约1m^3焦炉煤气，可降低成本0.57元。

（9）每节约1m^3转炉煤气，可降低成本0.12元。

（10）每节约1m^3高炉煤气，可降低成本0.06元。

（11）每节约1t蒸汽，可降低成本100.00元。

（12）每节约1瓶氧气，可降低成本16.00元。

（13）每节约1瓶乙炔气，可降低成本71.90元。

（14）每节约1度电，可节约成本0.445元。

（15）每节约1t工业用水，可降低成本4.3元。

（16）每节约使用1t生活水，可节约成本4.3元。

3.2.4 材料、工具部分

材料、工具部分包括：

（1）每节约1个普通冷却喷嘴，可降低成本223.97元。

（2）每节约1个擦辊器，可以降低成本2725元。

（3）每节约1把双口尖尾棘轮扳手，可省184.68元。

（4）每节约1包四联复印打印纸，可节约61.46元。

（5）轧线每节约1个自动打包扣，可降低成本0.36元。

（6）每节约1m捆带，轧线可降低成本1.89元。

（7）每节约1kg稀料，可降低成本350.00元。

（8）每节约1kg高温漆，可降低成本442.84元。

（9）每节约1个打印机色带，可降低成本151.06元。

（10）每节约1把活扳手，可降低成本8.89元。

（11）每节约1把木柄十字改锥，可降低成本0.88元。

（12）每节约1把塑料一字改锥，可降低成本2.75元。

（13）每节约1个垫圈，可降低成本0.20元。

（14）每节约1个螺母，可降低成本0.70元。

（15）每节约1个螺栓，可降低成本2.70元。

（16）每节约1根钢丝绳，可降低成本107.28元。

（17）每节约1个割炬（加长）——1.2m，俗名长切割枪，可降成本138.9元。

（18）每节约1个割炬——G01-300型，俗名短切割枪，可降成本106.84元。

（19）每节约1个割嘴，可降成本10.37元。

（20）每节约1个油灰刀——100M，俗名小铲子，可降低成本1.21元。

（21）每节约1把钢带剪刀，可降低成本368.75元。

（22）每节约1支高温笔，可降低成本0.63元。

（23）每节约1把长把笤帚，可降低成本5.01元。

（24）每节约1个侧导板，可降低140元。
（25）每减少1次夹送辊更换，可降低成本38767元。
（26）每减少1次助卷辊更换，可降低成本29700元。
（27）每减少1次锤头修复，可降低成本28300元。
（28）每减少1kgE2润滑油，可降低成本43.06元。
（29）每节约1片树脂板，可降低成本480元。
（30）每节约1块工作辊擦辊器，可节约成本2725元。
（31）每节约1L液压油，可降低成本19.8元。
（32）每节约1kgMEP-2T润滑脂，可降低成本16.75元。
（33）每节约1L润滑油，可降低成本16.26元。
（34）节约1kg长城磺酸钙润滑脂，可降低成本33.18元。
（35）每节约1L托瓦油，可降低成本13.97元。
（36）每减少1kg焊条的使用，可降低成本4.88元。

3.2.5 劳保消防部分

劳保消防部分包括：
（1）每节约1盘安全警示带，可降低成本165.32元。
（2）每节约1副白帆布手套——短五指，可降低成本2.12元。
（3）每节约1副绝缘手套，可降低成本15.93元。
（4）每节约1套春秋装工作服，可降低成本171元。
（5）每节约1套夏装工作服，可降低成本142.74元。
（6）每节约1顶安全帽，可降低成本29.23元。
（7）每节约1副短棉手套，可降低成本7.30元。
（8）每节约1双耐油皮鞋，可降低成本42.51元。
（9）每节约1块香皂，可降低成本2.77元。
（10）每节约1条劳保毛巾，可降低成本2.7元。
（11）每节约1条消防水带，可降低成本256.9元。
（12）每节约1个消防枪头，可降低成本93.80元。
（13）每节约1个消防水带接口，可降低成本32.48元。
（14）每节约1个消防栓头皮垫，可降低成本1.80元。
（15）每节约1个应急疏散牌，可降低成本23.90元。
（16）每节约1个干粉灭火器箱5×4，可降低成本160.1元。
（17）每节约1对耳塞，可降低成本3.00元。
（18）每节约1条双背肩安全带，可降低成本65.27元。
（19）每减少报废1瓶二氧化碳灭火器（5kg），可降低新购成本295.4元。
（20）每节约使用1瓶二氧化碳灭火器（5kg），可降低维修成本41.02元。
（21）每节约1个煤气报警器，可降低成本190.92元。
（22）每节约1kg固体清洗剂，可降低成本7.11元。
（23）每节约1把线墩布，可降低成本5.81元。
（24）每减少1kg擦机布的使用，可降低成本6.18元。

3.2.6 办公用品部分

办公用品部分包括：

(1) 每节约1盒回形针，可降低成本1.50元。

(2) 每节约1盒订书钉，可降低成本1.2元。

(3) 每节约1把剪刀，可降低成本4.9元。

(4) 每节约1把裁纸刀，可降低成本6.50元。

(5) 每节约1只档案盒，可降低成本8.90元。

(6) 每节约1只文件夹，可降低成本5.90元。

(7) 每节约1只四联文件框，可降低成本21.90元。

(8) 每节约1只A4抽杆文件夹，可降低成本1.00元。

(9) 每节约1支0.5中性笔，可降低成本1.25元。

(10) 每节约1支0.5中性笔芯，可降低成本0.80元。

(11) 每节约1支圆珠笔，可降低成本0.61元。

(12) 每节约1块白板，可降低成本379.00元。

(13) 每节约1盒32开复写纸，可降低成本8.00元。

(14) 每节约1本18开皮面笔记本，可降低成本22.00元。

(15) 每节约1本32开皮面笔记本，可降低成本10.90元。

(16) 每节约1本工作手册，可降低成本2.50元。

(17) 每节约1本便签，可降低成本4.9元。

(18) 每节约1支铅笔，可降低成本0.60元。

(19) 每节约1支白板笔，可降低成本1.88元。

(20) 每节约1张A4纸，可降低成本0.046元。

(21) 每节约1支记号笔，可降低成本1.80元。

(22) 每节约1只小号长尾票夹，可降低成本0.20元。

(23) 每节约1只中号长尾票夹，可降低成本0.50元。

(24) 每节约1只大号长尾票夹，可降低成本1.80元。

(25) 每节约1桶饮用水，可降低成本8.00元。

(26) 每节约1节南孚5号电池，可降低成本1.38元。

(27) 每节约1节南孚7号电池，可降低成本1.32元。

(28) 每节约1组五节柜，可降低成本450元。

(29) 每节约1把工岗板椅，可降低成本100元

(30) 每节约1个饮水机，可降低成本450元。

(31) 每节约1把折叠椅，可降低成本50元。

(32) 每节约1把工位椅，可降低成本320元。

(33) 每节约1把现场会议椅，可降低成本210元。

(34) 每节约1组文件柜，可降低成本450元。

(35) 每节约1组四门更衣柜，可降低成本450元。

(36) 每节约1个一卡通笑脸易拉扣，可降低费用0.76元。

（37）每节约1个一卡通党徽易拉扣，可降低费用1.50元。

（38）每节约1个一卡通PVC卡套，可降低费用0.16元。

3.2.7 班车部分

（1）加强长途班车的管理，对于不能按原计划乘坐班车的职工在系统中及时取消，每取消一次可节约成本88.63元。

（2）对于乘坐短途班车的人员做好统计，减少临时班车使用，每减少一次临时班车使用可节约费用300元。

3.2.8 厂容绿化部分

（1）每节约使用1根铁锹，可降低成本12.55元。

（2）每节约使用1根方锹，可降低成本12.78元。

（3）每节约使用1m绿化水管，可降低成本15.06元。

（4）每少损坏1个水龙头，可降低成本55元。

（5）每减少损坏1个铲雪锹，可降低成本20.09元。

3.2.9 防暑降温部分

防暑降温部分包括：

（1）每节约1瓶矿泉水，可降低成本0.67元。

（2）每节约1瓶首饮饮料，可降低成本1.33元。

（3）每节约1盒藿香正气水，可降低成本7.00元。

（4）每节约1盒十滴水，可降低成本4.15元。

（5）每节约1瓶痱子粉，可降低成本9.00元。

（6）每节约1盒风油精，可降低成本5.00元。

（7）每回收1个饮料瓶子，可降低成本0.05元。

3.2.10 TPM管理部分

TPM管理部分包括：

（1）对工具的使用进行规范，增加工具使用寿命，延长使用周期，每减少1个榨水车，减少成本220元。

（2）对工具的使用进行规范，增加工具使用寿命，延长使用周期，每减少1个尘推，减少成本46元。

（3）对工具的使用进行规范，增加工具使用寿命，延长使用周期，每减少1个塑料扫把带簸箕，减少成本20.10元。

（4）每节约使用1把拖布，可降低成本5.11元。

3.2.11 人事管理部分

人事管理部分包括：

（1）通过劳动组织优化，每减少在册用工1人降低职工薪酬（含企业担负的保险金）

11259 元，每减少劳务用工 1 人降低劳务费 4596 元。

（2）及时下发特种作业区复审安排，确保职工按时限要求参加复审培训，避免复审过期重新取证现象。每减少 1 个重新取证人员，节约成本 900 元。

（3）加强对各单位的培训情况落实检查，避免发生虚报现象，对不应享受讲课费的项目及时进行删减，每规范 1 课时可减少费用支出 20 元。

（4）对各单位师徒协议签订情况定期落实检查，对无效师徒协议进行删减，避免发生多支出师徒费现象，每审核出一个无效师徒协议，可减少月师徒费用支出 20 元。

3.2.12　薪酬管理部分

薪酬管理部分包括：

（1）职工可利用手机一卡通 APP 端查询工资发放情况，同时单位下发电子版工资条，可节约使用打印机及纸张，每月降低费用 120 元。

（2）加强差旅费用、单据、出差时间的审核，避免出差补助费用的多支出现象，每人每天可节约出差补助费用 100 元。

3.3　某公司酸轧作业区节能降耗降成本措施

酸轧作业区按照公司要求，以精细化管理、深挖潜力为要求，全方面开展节能降耗降成本的工作，分解细化各项生产经营技术指标，实现人人肩上有责任，人人头上有指标。

3.3.1　产量

目标：公司每月计划产量，公司每月目标产量。

责任人：作业区领导、工艺工程师、机械工程师、电气工程师、四班作业长、四班全体职工、四班全体生产辅助工、四班全体天车工。

措施：

（1）对高强钢集中排产，有利于高强钢性能和规格的平稳过渡，保证生产的稳定。

（2）利用检修时间做好焊机功能精度的测量和维护，加强日常生产中焊缝质量的检查，减少焊机停机时间。

（3）合理匹配 3 个活套量和工艺速度，减少因短时间故障造成的时间。

（4）对厚度 2.3~2.5mm 的原料酸洗后检查带头、尾质量，避免因原料夹杂造成非焊缝断带停机。

（5）结合利用换辊时间可以进行换焊丝、标测厚仪等工作，减少额外停机时间。

（6）利用交接班和班中时间进行工艺和设备点检，发现隐患及时采取措施。

3.3.2　成材率和产品合格率

目标：

（1）成材率。公司计划 97.40%，公司目标 97.8%。

（2）产品合格率。公司计划 99.85%、公司目标 99.97%。

责任人：作业区领导、工艺工程师、四班作业长和上料、入口、焊机、酸洗、轧机岗位操作工。

措施：

（1）带钢头尾按头2尾3刀数剪切，带头尾切损率控制在0.96%以内。

（2）检修时合理控制活套量，并选用薄窄量过渡，减少穿带起车废品。

（3）故障停车时合理控制停车位置，起车时及时分卷，减少停车废品。

（4）对易发生跑偏的高强钢控制生产速度，发现跑偏及时调节。

通过采取以上措施，力争将每月废品量控制在5t以下，实现年平均成材率达97.4%以上，合格率达99.2%以上。

3.3.3 带出品率

目标：公司计划0.20%，公司目标0.12%。

责任人：作业区领导、工艺工程师、四班作业长和上料、入口、焊机、酸洗、轧机岗位操作工。

措施：

（1）因换辊、故障等原因造成的停机尽量停在带尾，安排上离线切除厚度超差部分，无法停在带尾的卷发现厚度超差及时分卷，减少带出品量。

（2）每5卷上离线检查，对FC、FD、SG8等高级别卷提前上离线检查，发现质量问题及时采取措施。

（3）2号箱乳化液浓度控制在2.7%~3.1%，避免发生因润滑不足产生的亮线、热划伤。

（4）做好机架及机架间压辊、测张辊、防缠导板、铺板等易产生划伤设备的检查，避免产生机械划伤。

（5）持续开展板形攻关工作，细分目标板形曲线，并对每条板形曲线进行跟踪、优化；轧机操作人员进行板形控制培训，提高岗位人员对板形的调控水平，建立板形班组评比，提高板形合格率。

通过以上措施，力争将带出品率降低到0.1%以下。

3.3.4 工艺故障停机

目标：

（1）工艺故障停机率。公司计划1.3%，公司目标1%。

（2）1小时以上工艺故障。公司计划1次、公司目标0次。

责任人：作业区领导、工艺工程师、四班作业长、四班全体职工、四班全体生产辅助工、四班全体天车工。

措施：

（1）对入口上料、开卷岗位进行规程执行情况检查，避免因上错料、翻卷等问题停机。

（2）对入口直头、剪切操作进行抽查，避免因直头问题、切双层、扎铺板等问题停机。

（3）做好轧机换辊的确认检查，避免因换辊问题引起长时间停机。

（4）生产2.3mm薄料时关注芯轴卡钢，发现卡钢及时停机，避免长时间停机。

通过以上措施，确保工艺故障停机时间率降低到 1.3%以下，1h 以上工艺故障降低到 1 次以下。

3.3.5 月断带率

目标：公司计划 0.15%，公司目标 0.1%。

责任人：作业区领导、机械工程师、工艺工程师、四班作业长和焊机、酸洗、轧机岗位操作工。

措施：

（1）加强原料检查，边裂、边部夹杂的原料不上线。

（2）加强焊缝质量检查，砂眼、焊丝不熔、杯突试验不合格重焊。

（3）加强酸洗质量检验，2.3~2.5mm 厚度原料卷卷焊缝前后 10m 在酸洗质检处停机检查，发现边裂、夹杂及时通知轧机。

（4）做好薄带起车，起车时降张力，避免轧机断带。

（5）焊机岗位每班测功率、做三点测试、检查剪刃、支撑辊、夹钳、激光头等重点部位；每卷焊缝进行质量检查，及时发现焊机设备隐患，避免发生断带。

通过以上措施，确保月断带率降低到 0.15%以下，断带次数降低到 4 次以下。

3.3.6 轧制油消耗

目标：公司计划 0.28kg/t，公司目标 0.22kg/t。

责任人：作业区领导、工艺工程师、四班作业长和乳化液岗位操作工。

措施：

（1）优化加油方式，在皂化值允许情况下（≥170mgKOH/g）不开撇油机。

（2）减少轧制油桶的残油，每次加油后人工将油桶倾倒干净。

（3）对乳化液间、地下油库、机架间的乳化液管路、阀门每班检查一次，发现泄漏及时通知点检人员并做好记录。

（4）2 号箱乳化液浓度控制在 2.5%~3.0%，3 号箱乳化液浓度控制在 0.5%~1.0%，并按下限控制。

（5）严格控制箱体浓度，根据浓度结果来调整浓度。严格执行加油制度，即少量多次。1 号、2 号箱体采取每轧多少卷钢，加油多少公斤（根据实时吨钢消耗调整）；3 号箱体根据加水比例加油，例如：每加 $10m^3$ 水，加 50kg 油。同时两个箱体分别根据液位加水（特殊情况除外，如有板面质量差，可适量多加部分油，即质量优先）。

（6）严格控制撇油器的开启时间。理论上以乳化液皂化值指标为准，执行以下标准：轧钢过程中，若 1 号、2 号箱皂化值低于 165，则开启撇油器，直到下次全分析时指标恢复正常为止。此外，加油时不许开启撇油器，并且长期停产检修时不许开启撇油器。同时，若有大量杂油泄漏的情况，及时与相关人员联系，调整撇油器开启时间和频率。

（7）严格控制磁过滤器的开启时间。可采取按时间自动控制，即：自动开启一段时间，然后自动停止一段时间。

（8）做好乳化液管道、机架液压系统、润滑系统的维护检修工作，及时排除漏油隐患，迅速处理泄漏事故，将乳化液系统泄漏和受杂油污染的可能性降至最低。

（9）在满足下游产线对带钢粗糙度要求的前提下，适当降低轧辊表面粗糙度，从而降低带钢表面残油，减小油耗。

（10）在满足工艺要求的前提下，适当降低乳化液温度，减少乳化液蒸发量。

（11）严格按岗位作业标准和工艺规程进行操作，强化加油制度，加油时要少量多次，使乳化液混合充分，避免很快被钢板带走。

通过以上措施，确保轧制油消耗降低到0.27kg/t以下。

3.3.7　辊耗

目标：公司计划0.28kg/t，公司目标0.21kg/t。

责任人：作业区领导、工艺工程师、四班作业长和轧机、磨床岗位操作工。

措施：

（1）选用过滤精度高的滤布，提高乳化液清洁性，减少因硌印造成的非正常换辊。

（2）结合工作辊更换合理安排中间辊更换，保证中间辊轧制吨数在3500~8000t。

（3）根据生产计划及时进行轧辊配置，做到5000t以上计划F1~F3工作辊选用镀铬辊，通过增加镀铬辊的比例降低辊耗，同时减少停机换辊时间，提高各能耗的利用率。

（4）换辊后进行20min低速热辊，避免发生爆辊事故。

（5）轧机起车操作时，控制好辊缝位置和弯辊力大小，避免出现勒辊。

（6）磨床操作工保证轧辊表面无缺陷，提高磨削一次合格通过率，避免磨削事故。

通过以上措施，确保辊耗降低到0.27kg/t以下。

3.3.8　酸耗

目标：公司计划1.95kg/t，公司目标1.5kg/t。

责任人：作业区领导、工艺工程师、四班作业长和酸洗、酸再生岗位操作工。

措施：

（1）优化漂洗工艺，降低漂洗水使用量，减少漂洗水带出盐酸量从而降低盐酸消耗。

（2）对酸洗段和酸再生管路、阀门每班检查一次，对泄漏点采取补救措施。

（3）检修时，定期更换密封，预防酸泄漏。

通过以上措施，确保酸耗降低到1.74kg/t以下。

3.3.9　电耗

目标：公司计划66.5kW·h/t，公司目标65kW·h/t。

责任人：作业区领导、电气工程师、四班作业长四班全体职工、四班全体生产辅助工、四班全体天车工。

措施：

（1）通过对轧制工艺的研究和分析，优化轧制策略，降低轧机各机架的负荷分配。

（2）根据计划检修停机以及故障停机的时间，对线上传动设备制定下电清单。

（3）严格执行作业区制定的照明管理制度和空调使用规定，避免浪费能源。

（4）轧机操作工在生产过程中保持轧制速度平稳，不要频繁地加速减速。

（5）对酸洗段烘干风机使用手动模式控制，每月可节约电能 72000kW/h。

（6）磨辊间二级人员统计每班每台机床的轧辊加工数量，避开在尖峰、高峰时段；磨床 0.5h 内无辊磨削停砂轮，1h 内无辊磨削停液压。

（7）原料库与生产部和经销公司联系沟通，根据汽运卷的到货情况尽量避开尖峰、高峰时段卸车，节省天车用电；根据库存情况注意原料入库码放方式，减少原料卷倒垛，节省天车用电。

（8）在无特殊情况前提下，保证过跨车上为两卷原料卷时由 2 号原料库开往 1 号原料库；1 号原料库天车吊运完毕后空车开回 2 号原料库，节省过跨车用电。

（9）备料时尽量将计划中的原料卷背到距离步进梁最近的空鞍位上，节省天车用电。

（10）仓储三级操作机在无信息操作时尽量处于关机状态或者待机状态，节省电脑用电。

（11）天车禁止在高峰时段 10：00~15：00、18：00~21：00 内练车。照明视线良好或者无作业时，桥灯关闭。

（12）降低变压器空载损耗，保证变压器经济运行。检修时可以切掉的变压器：1）酸洗 2 号动力变压器。该变压器主要提供入口液压站和焊机电源，停机期间可以关闭变压器。2）酸洗 1 号调速传动，主要负荷是入口开卷机至入口活套的负荷，可以停变压器。3）酸洗 2 号调速传动。主要是活套等 690V 线传动，可以下电。4）酸洗 3 号调速传动。主要是酸洗循环泵等 400V 调速传动，可以进行下电。5）5 机架主电机。在停产期间切掉 5 号机架主电机变压器。6）4 号 VVVF 变压器，主要负荷为 5 号张紧辊、飞剪和卷取机等。停产期间可以切掉变压器。7）励磁变压器。主传动停电后切掉励磁变压器。

（13）正常生产运行时对轧机换辊车下电，需要换辊时再上电运行。

（14）厂房照明：晚间实行分区照明，保证各个区域的照度即可，如果照度足够，不需要打开所有的灯；停产期间，可以适当多关闭一些灯。各个照明柜上已经对各个区域灯具进行了编号。活套、步进梁照明：照明灯管较多，开启部分照明，满足照度即可，以节省电能。

（15）过跨车空载时检查电流为 45A 左右，而运输一个钢卷为 55A 左右，空载消耗很大。制定以下措施：过跨车超过 10min 不用，关闭电源，延长设备寿命。

通过以上措施，力争电耗降低到 65kW·h/t 以下。

3.3.10 水耗

目标：公司计划 $5m^3/t$、公司目标 $3m^3/t$。

责任人：作业区领导、机械工程师、四班作业长、四班全体职工、四班全体生产辅助工、四班全体天车工。

措施：

（1）淡水为冷却循环水，检修时关闭相应的淡水管道阀门，节约用水。

（2）热水为厂房暖风系统使用，每年 11 月份供水，第二年 4 月份停水，根据天气情况晚开热风机和早关热风机。

(3) 冷冻水为电气室空调系统使用，每年4月份供水，11月份停水，根据天气情况晚开供水阀门和早关供水阀门，并根据电气室环境温度及时调节流量，防止温度过低造成冷冻水浪费。

(4) 净水为生活水和生产消防水，措施：1）大力推行节约用水制度。2）预防跑冒滴漏，并将所有管道阀门的位置标记出来，要求各岗位人员熟知，便于出现跑冒滴漏后及时关闭处理。3）每周检修按照安排冲洗机架、倒液，日常不得外排乳化液。4）将乳化液间的冷凝水回收作为日常清洁使用。

通过以上措施，确保水耗降低到$5m^3/t$以下。

3.3.11 蒸汽

目标：公司计划0.05t/t、公司目标0.03t/t。

责任人：作业区领导、机械工程师、四班作业长和酸洗、酸再生、乳化液岗位操作工。

措施：

(1) 对乳化液间蒸汽管路、阀门每班检查一次。

(2) 冬季用蒸汽预热轧制油时将油桶封闭严实，当轧制油化冻后及时关闭蒸汽。

(3) 做好蒸汽管道的保温及泄漏的巡检工作，发现问题及时处理减少蒸汽在输送管道的热损失。

(4) 定期清理换热器的积垢，保证换热效率。

(5) 做好疏水阀的巡检工作，避免管路出现水锤现象造成设备故障。

(6) 做好冷凝水的回收利用工作，减少外排量。目前酸洗段产生的冷凝水基本上能满足漂洗水的使用量；乳化液冷凝水已改造引至酸洗段补充漂洗水使用，但是用量有限，尤其是冬季还是有大量的冷凝水溢出热水罐进入排污系统，增加了废水处理量。

(7) 优化乳化液系统温度控制，减少蒸汽的消耗。

3.3.12 压缩空气

目标：公司计划$29.25m^3/t$、公司目标$27m^3/t$。

责任人：作业区领导、机械工程师、四班作业长、四班全体职工。

措施：

(1) 检修时关闭压缩空气，减少浪费：1）酸洗段新加表检系统压缩空气吹扫系统。2）焊机PH100、PH101光栅及月牙剪两侧光栅压缩空气吹扫系统。

(2) 加大对压缩空气管路、接头、气动三联件、阀体、喷嘴的巡检力度，及时发现漏点并联络点检处理，减少不必要的损耗。

(3) 对压缩空气耗能设备进行改造，做到用能设备自动控制，生产线运行时启动，生产线停止时关闭，减少浪费。如轧机出口吹扫喷梁已改为自动控制，伴随产线的运行启停。

（4）优化轧机出口吹扫系统，使吹扫系统更有效同时降低压缩空气的消耗。

通过以上措施，确保压缩空气降低到 $28m^3/t$ 以下。

3.3.13　天然气

目标：公司计划 $3.2m^3/t$、公司目标 $2.8m^3/t$。

责任人：作业区领导、工艺工程师、四班作业长和酸再生岗位操作工。

通过合理控制酸再生生产能力，配合产线检修酸再生及时停炉或选择保温模式，降低长时间运行水模式导致天然气、蒸汽和电耗指标升高，具体措施如下：

（1）保证酸再生系统内新酸量在 $450m^3$ 左右、焙烧炉供料泵流量为 5.7m/h，使正常运行过程中再生酸罐液位持续增加，至月底和月中产线检修时，再生酸罐满。

（2）结合每月两次酸轧线 12h 以上检修，酸再生停机，除降温时间和起车烘炉时间，每次可以停机 36h，中途再生酸不够可以配置新酸使用。这样每月可以节约天然气约 $50400m^3$。

（3）除月底和月中产线检修时，如果再生酸罐满，酸再生运行保温模式 8h，使用 1 个烧嘴烘炉，预计每月可以运行两次保温模式。这样每次可以节约天然气约 $8000m^3$。

通过以上措施，确保天然气降低到 $3.4m^3/t$ 以下。

3.3.14　机物料

目标：公司计划 5.55 元/t、公司目标 $5.36m^3/t$。

责任人：作业区领导、材料员、事务员、安全员、四班作业长、四班全体职工、四班全体生产辅助工、四班全体天车工。

措施：

（1）氨水（碱化剂）计划每月 70t，目标 55t，做好入厂验收，合格证要符合生产使用标准。

（2）氦气计划每月 11 组，目标 9 组；高氦计划每月 0.5 组，目标 0.4 组；二氧化碳计划每月 1 瓶，目标 0.5 瓶；氮气计划每月 2 瓶，目标 1 瓶。使用期间按照报警信息更换气瓶，防止浪费。做好库存保管，对二氧化碳和氮气采用封闭上锁，做好监督检查，防止挪作他用。

（3）铁粉袋计划每月 2300 个，目标 2000 个，做好入库验收，采取定期领用、出入数量相等，使用期间做好监督检查，防止挪作他用。

（4）乳化液滤布计划每月 2 卷，目标 1 卷，做好入库验收，保证滤布质量。

（5）二级标签、三级标签、色带做好入库验收，使用期间做好监督检查，防止挪作他用。

（6）工业纯碱做好入库验收，使用期间做好监督检查，防止浪费和挪作他用。

（7）出口打捆带计划每月 0.8kg/万吨，目标 0.73kg/万吨，做好入库验收，使用期间必须按照报警提示更换捆带，防止浪费，用剩余的捆带裁成单根用于成品库包装成品卷。

（8）工作辊砂轮计划每月 10 片，目标 8 片；支撑辊砂轮计划每月 8 片，目标 6 片。

使用过程中做好监督检查，关注砂轮质量与消耗，防止砂轮非正常消耗发生。

（9）磨床滤纸使用到报警后不更换滤纸，调整浮漂后继续使用直到滤纸使用完再更换滤纸。

（10）打毛油计划每月400L，目标200L；磨削液计划每月400kg，目标200kg。做好设备点检，杜绝跑、冒、滴、漏，新油用后桶底不剩残余。

（11）酸洗抑制剂计划每月5t，目标4t，使用期间做好检查监督，保证用后桶底不留残余。絮凝剂使用期间做好监督检查，使用专业取用工具，杜绝取用时造成浪费。

（12）固体清洗剂计划每班每月20kg，目标15kg，擦机布计划每班每月25kg，目标20kg。

（13）工具类，如拆带剪、公用吊具、公用线轴、量具、小型手动工具、电动工具。岗位人员应对公用工具进行交接班，工具必须以旧换新。

（14）各种记录改为双面记录，节省色带和纸张消耗。

（15）制定劳保用品发放标准，按劳保用品发放标准严格执行。

3.3.15　日常生活

责任人：作业区领导、事务员、四班作业长、四班全体职工、四班全体生产辅助工、四班全体天车工。

在浴室、休息室和职工宿舍时，提高节能意识，白天不使用照明，人走灯灭；洗漱时及时关闭水龙头；电视、空调、饮水机和充电器等电器设备，无人时断开电源。对于违反以上规定的人员，按照公司管理制度标准考核。

3.3.16　节能降耗执行情况检查

节能降耗执行情况检查如下：

（1）作业区定期将节能降耗降成本的执行情况和建议，反馈给生产部、能环部、设备部等部门，保持及时沟通。

（2）各专业员、倒班作业长作为节能降耗检查主要责任人，对全线节能降耗检查、监督和指导。

3.3.17　节能降耗改造建议

节能降耗改造建议如下：

（1）酸洗段酸槽水封槽原使用工业水水封，工作方式为生产过程中每隔30min开启5min，流量约5m/h，水封水吸收酸槽酸雾后溢流到废水坑，水封含酸废水浓度约20g/L，这样就导致每天约$20m^3$含酸浓度20g/L的工业水外排至水处理系统，折合每天由水封溢流新酸约$1.4m^3$，加上工业水和水处理费用，折合成本约800元。每年水封消耗约24万元。

建议将酸槽水封改为漂洗水补水，水源由5号漂洗管路引出，水封水吸收酸雾后经过过滤溢流至漂洗水罐，做到基本无浪费情况。每年节约成本约24万元。

（2）针对焊机 DS 侧气瓶组申请领用测压表和挂牌措施，避免来新气组出现吊错的情况。

（3）对活套照明进行改造，目前每层活套的照明均有一个开关控制，建议将活套每层照明分开单独控制。对于摄像头监控区域的照明使用一个开关，检修时可将其关闭；其他照明可为另一开关控制，仅在点检和检修时打开，在无人工作时关闭。

（4）对酸再生区域照明开闭进行优化。

（5）解决本地能源介质仪表上传二级不准确的问题，避免由于人工手抄表底存在的误差。增加天然气、氮气、生活水的消耗量统计，实现作业区能源介质全面覆盖。开发二级能源介质消耗统计程序，可根据需求统计出不同钢种、不同规格、不同班次以及任意时间段内的能源介质消耗。另外还可以在界面上实时显示出各个能源介质的使用情况，便于班组组织节能降耗生产，实现能源精细化统计、精细化管理。

4 钢材质量控制

4.1 连铸坯生产工艺流程

4.1.1 炼钢

钢是由生铁炼成的。钢的许多使用性能如韧性、强度、热加工性能和焊接性能等优于生铁。生铁一般只限于铸造用，而钢则能适应多种用途的需要，得到广泛的应用。

（1）生铁含碳质量分数高达 3.5%~4.0%，而所有钢的碳质量分数均低于 2.0%。这是造成生铁硬而脆的根本原因。因此要把生铁炼成钢，首先必须脱碳。

（2）生铁的硫、磷含量比较高，它们都是钢中的有害杂质（少量钢种例外），炼钢过程必须完成去除硫、磷的任务。

（3）在冶炼前期生铁中的碳锰基本都已氧化，出钢时为了保证成品钢中的硅、锰含量必须向钢中加入硅铁和锰铁。在冶炼合金钢时，还要向钢中加入各种铁合金，如铬铁、钼铁、钛铁、钒铁等，这些操作称为合金化。

（4）冶炼后期，钢中氧含量增多，氧也是钢中的有害元素，所以冶炼后期还要进行脱氧。

（5）铁水温度一般仅有 1300℃左右，而出钢温度则应达到 1600℃以上，所以炼钢过程也是一个升温过程。

综上所述，炼钢的基本任务是：

（1）供氧把生铁中碳氧化到规定范围。

（2）去除钢中有害杂质。

（3）提温到保证浇注的规定温度。

（4）脱氧和合金化，概括起来即供氧、造渣、抓终点、降碳、提温、去磷和硫。

4.1.2 炉外精炼

4.1.2.1 炉外精炼的含义

所谓炉外精炼，就是按传统工艺，将在常规炼钢炉中完成的精炼任务，如去除杂质（包括不需要的元素、气体和杂质）、成分和温度的调整和均匀化等任务，部分或全部地移到钢包或其他容器中进行。因此，炉外精炼也称为二次精炼或钢包冶金。

4.1.2.2 常见的炉外精炼工艺制度

A 钢包吹氩

当氩气进入钢水后不会产生化学反应，但经透气砖气孔以气泡形式进入钢水后的氩气，对钢液进行强烈的搅拌，由于受热膨胀，气泡体积将发生成百倍的变化，因而加快了氩气泡的上浮速度，进一步提高了氩气泡对钢液的搅拌速度。

这样，氩气泡在钢包内上浮时对钢液形成强烈搅拌，必将有助于钢液成分与温度均匀化，并会加速包内合金的熔化。

B　LF 法钢包精炼炉

LF 法是 20 世纪 70 年代初期首先由日本特殊公司发展起来的工艺。由氩气搅拌、埋弧加热等系统组合成钢包炉，采用合成渣料造渣、真空去气等来精炼钢。该工艺不仅能精确地控制化学成分和温度，而且具有脱硫、脱氧、去夹杂、降低渣中氧化铁、微调合金和加热钢液等多种功能，从而提高了产品的力学性能，另外，合金收得率、生产效率也显著提高。

LF 炉（Ladle Furnace）称为钢包精炼炉（见图 4-1），主要采用 3 根石墨电极埋弧加热，补偿后续工艺处理所需温度；利用良好的氩气搅拌和控制炉内还原气氛，通过加入碱性还原渣造白渣精炼，降低钢中氧、硫及夹杂物含量，调整钢水成分和温度均匀，提高合金吸收率；且作为转炉和铸机之间的缓冲，确保多炉连浇。

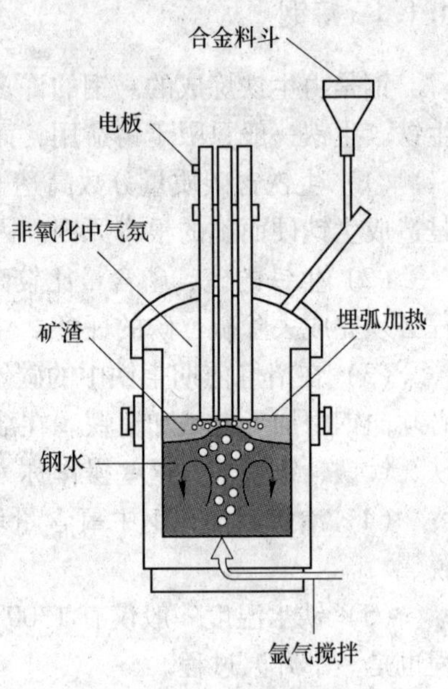

图 4-1　LF 炉原理

C　VD 钢包真空精炼炉

(1) 脱气：脱氢、脱氮、脱氧，主要是脱氢。

(2) 夹杂物控制：主要靠喂丝控制。

(3) 改善清洁度：主要靠吹氩。

(4) 成分微调：一般在 LF 炉调好，VD 调整量小，因为合金降温大。

(5) 保证开浇温度：与 LF 炉配合达到，温度偏低，则进 LF 炉加热，温高则吹氩搅拌或加废钢。

4.1.3　连续铸钢

钢的生产过程主要为炼钢（包括炉外精炼）和浇注两大环节，浇注作业就是将成分合格钢水铸成适合于轧钢和锻压加工所需要的一定形状的固体。

4.1.3.1　把钢水凝固成固体的两种工艺方法（见图 4-2）

A　模铸

钢锭模浇注法，简称模铸，它是将钢水浇到钢锭模内铸成钢锭（有上注和下注之分），然后在将其加工成要求的钢坯尺寸的工艺方法。

B　连铸

连续铸钢法，简称连铸。它是将钢水连续不断地浇到一个或几个用强制水冷带有“活底”（称引锭头）的铜模内（称结晶器），钢水很快与“活底”凝结在一起，待钢水凝固成一定厚度的坯壳后，就从铜模的下端拉出“活底”。

这样已凝固成一定厚度的铸坯就会连续地从水冷结晶器内被拉出来，在二次冷却区继续喷水冷却。带有液芯的铸坯，一边走一边凝固，直到完全凝固后，用氧气切割机或剪切机把铸坯切成一定尺寸的钢坯。这种把钢水直接浇注成钢坯的工艺方法称为连铸。

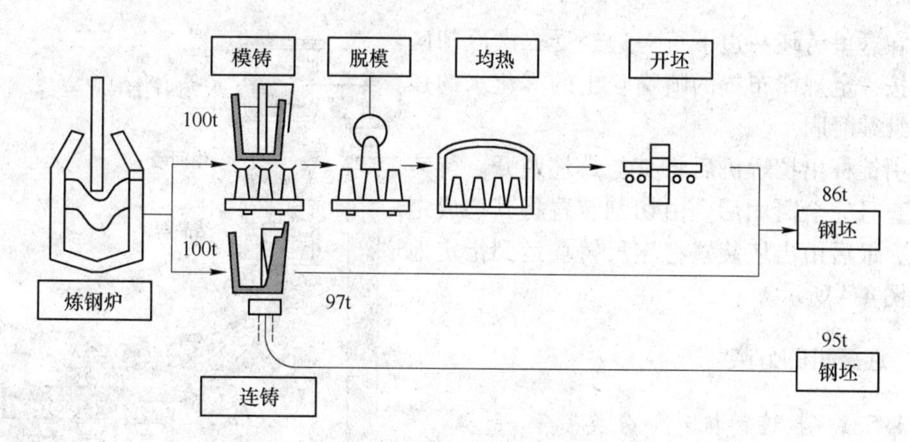

图 4-2 钢液模铸与连铸工艺流程对比

4.1.3.2 连铸的优势

（1）简化生产工序，节省大量投资。

（2）提高金属收得率。

（3）节约能源消耗。

（4）改善劳动条件，易于实现自动化。

（5）铸坯质量好。

4.1.4 连续铸钢生产工艺流程

连续铸钢生产工艺流程如图 4-3 所示。

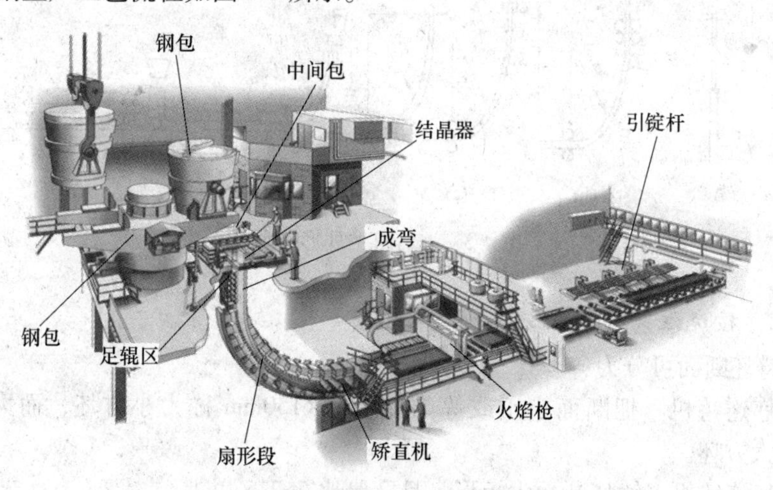

图 4-3 连续铸钢生产工艺流程

从炼钢炉出来的钢水注入钢包内，经炉外精炼后被运到连铸机的上方，钢水通过钢包底部的水口再注入中间包内。中间包水口的位置被预先调好以对准下面的结晶器。打开中间包塞棒或滑动水口（或定径水口）后，钢水流入下口由引锭杆头封堵的水冷结晶器内。

在结晶器内，钢水沿其周边逐渐冷凝成钢壳。当结晶器下端出口处坯壳有一定厚度时，同时启动拉矫机和结晶器振动装置，使带有液心的铸坯进入由若干夹辊组成的弧形导向段。在这里铸坯一边下行一边经受二次冷却区中许多按一定规律布置的喷嘴喷出的雾化水的强制冷却继续凝固。

当引锭杆出拉矫机后将其与铸坯脱开。待铸坯被矫直且完全凝固后，由切割装置将其切成定尺铸坯，最后由出坯装置将定尺铸坯运到指定地点，如图 4-4 所示。

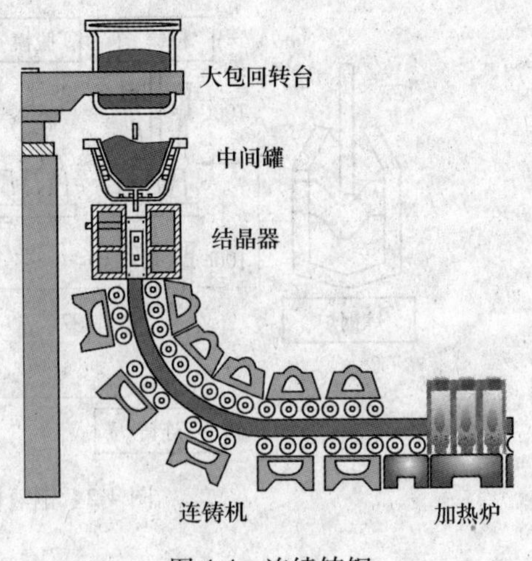

图 4-4　连续铸钢

4.1.5　连铸机的分类

4.1.5.1　按连铸机外形分类

按连铸机外形可分为立式连铸机、立弯式连铸机、弧形连铸机、超低头（椭圆形）连铸机、水平连铸机、轮带式连铸机等，如图 4-5 所示。

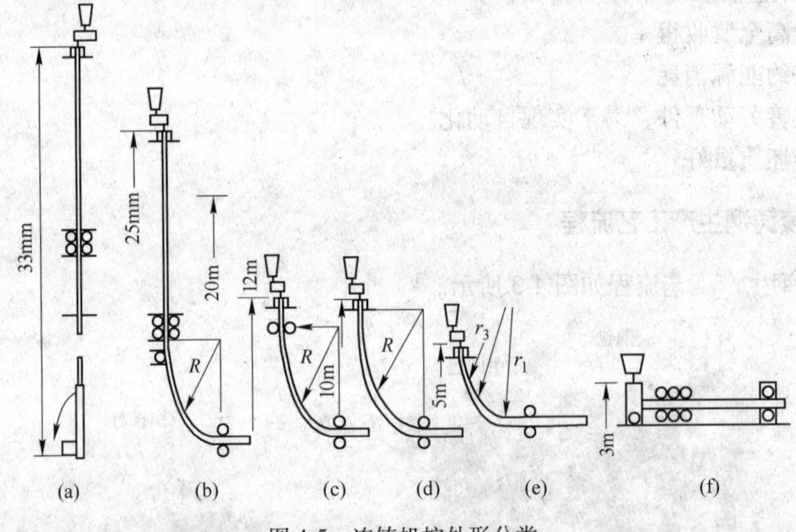

图 4-5　连铸机按外形分类

4.1.5.2　按浇注铸坯断面分类

按浇注铸坯断面可分为：

（1）方坯连铸机。把断面小于或等于 150mm×150mm 称为小方坯，而大于 150mm×150mm 称为大方坯。

（2）板坯连铸机。铸坯断面为矩形，且宽厚比在 2.5 以上。

（3）圆坯连铸机。铸坯断面为圆形，直径 60~400mm。

（4）异型坯连铸机。浇注异型断面如工字梁。

（5）方、板坯兼用连铸机。在一台铸机上，既能浇板坯又能浇方坯。

4.1.5.3　按拉速分类

按拉速可分为高拉速连铸机和低拉速连铸机。它们的主要区别在于：高拉速时铸坯带液芯矫直，低拉速时铸坯完全凝固。

4.1.5.4 按钢水静压力分类

按钢水静压力可分为：

（1）静压力较大的称为高头型连铸机，如立式、立弯式连铸机。

（2）静压力较小的称为低头连铸机，如弧形、椭圆、水平连铸机。

4.1.6 连铸机的主要设备

连铸机的主要设备包括钢包运载设备、中间包及中间包运载设备、结晶器及结晶器振动装置、二次冷却装置、拉坯矫直装置、钢坯切断装置、钢坯输送辊道、冷床、集坯装置（方坯）、引锭杆及引锭杆存放装置，如图 4-6 所示。

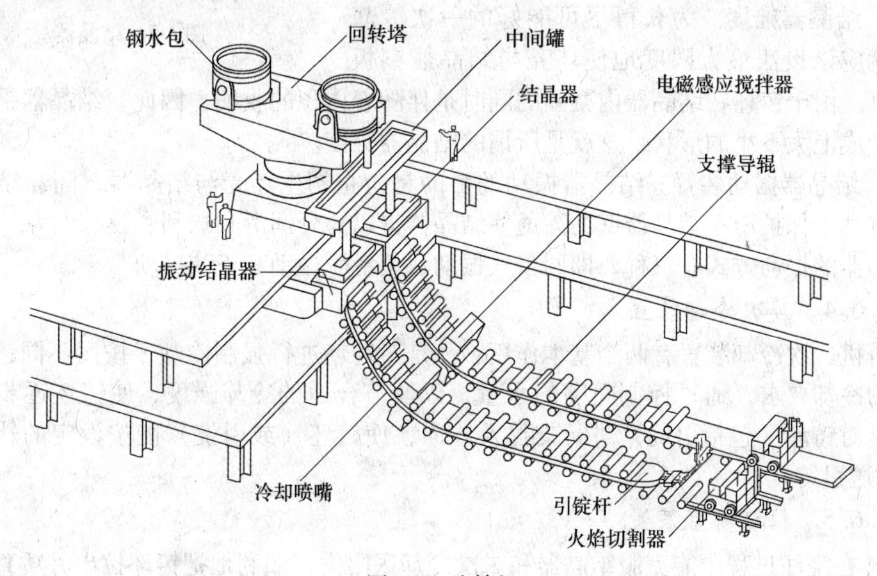

图 4-6 连铸机

4.1.6.1 钢包回转台

钢包回转台是较理想的钢包运载工具，它可用来将装有钢水的钢包从出钢跨移至浇注跨，并且把钢包定位在准备浇注的中间包上面。当钢水浇完，可将钢包移出浇注位，以便由天车将钢包吊走。

4.1.6.2 中间包

中间包是位于钢水包和结晶器之间的用于钢水过渡的中间贮存容器。它有贮钢、稳压、稳流、缓冲、多流连铸机分流，利于非金属夹杂物上浮的作用。其是实现多炉连浇、多流连浇的基础。

中间包容量一般取钢包容量的 20%~40%，中间包钢水深度一般设计为 600~1000mm。钢水在中间包内的最佳停留时间为 8~10min，为了避免钢包钢流的冲击对中间包水口浇注的影响，钢包钢流冲击点到最近水口中心的距离不小于 400mm 为宜。

4.1.6.3 结晶器

结晶器是连铸设备中最关键的部件，它的性能对连铸机的生产能力和铸坯质量都起着十分重要的作用，如图 4-7 所示。因此，人们称它为连铸机的心脏。中间包的钢水注入结晶器内，钢水在结晶器中初步凝结成铸坯的外形，生成一定厚度的坯壳，并被连续地从结晶器下口拉拔出来，进入二次冷却区。

铸坯的外壳尺寸由结晶器的内腔尺寸决定。结晶器浇注时的内腔尺寸是按照成品坯尺寸要求在浇注前调整好的。

(1) 结晶器长度。通常采用的结晶器长度有两种，即700mm和900mm，前者适用于低拉速型铸机，后者适用于高拉速型铸机。

图4-7　结晶器

(2) 结晶器锥度。为获得尽可能好的一次冷却效果，就应该设法最大限度地使坯壳与结晶器铜板保持接触。由于铸坯在结晶器内凝固的同时是伴随着体积的收缩，因此，结晶器铜板内腔必须设计成上大下小的形状，这就是所谓的结晶器锥度。

(3) 结晶器振动装置。结晶器振动的目的是防止初生坯壳与结晶器之间黏结而被拉裂，并有利于保护渣在结晶器壁的渗透使结晶器得以充分润滑和顺利脱膜。

结晶器的振动方式有三种，即同步式振动、负滑脱振动和正弦振动。

4.1.6.4　二次冷却装置

连铸机二次冷却装置有两个基本作用：一是对铸坯进行强制冷却，按照不同钢种、不同断面的冷却要求，通过控制喷嘴的水量，以调节合适的冷却强度，使铸坯逐步完全凝固；二是对铸坯（包括引锭）进行支撑及导向，使铸坯（或引锭）能按设定的轨迹运动（拉坯或送引锭）。

4.1.6.5　拉坯矫直装置

(1) 在浇注过程中能克服结晶器和二次冷却区阻力，顺利地把铸坯拉出并矫直。

(2) 能调节拉速，适应不同工艺要求，如改变钢种、断面等。

(3) 能实现弧形全凝固或带液相铸坯的矫直，并保证矫直过程中不影响铸坯的质量。

4.1.6.6　引锭装置

引锭装置包括引锭杆头，引锭杆和引锭杆存放装置。引锭杆的作用是在开浇时堵住结晶器的下口，使钢水在结晶器内和引锭杆头部凝固，通过拉辊把铸坯拉出，经过二冷区，在通过拉矫机后，脱开引锭头，进入正常拉坯状态，引锭杆便进入存放装置待下次浇注使用。

4.1.6.7　火焰切割机

火焰切割机是设置于连铸机后面最主要的辅助设备，其作用是在拉坯过程中将铸坯切成所需的定尺长度。铸坯的切割设备可分为两类，即火焰切割设备和机械剪切设备。采用火焰切割的优点是切割设备重量轻，切割断面不受限制，切口断面比较平整。缺点是有金属损耗，另外对环境有一定污染。

火焰切割的主要设备包括切割小车、切割定尺装置。辅助设备有侧面定位装置，切缝清理装置和切割区专用辊道等。

4.1.6.8　出坯系统的各种设备

(1) 出坯辊道。出坯辊道是输送铸坯和连接其他工序的设备。

（2）板坯横移装置及转盘。用于将板坯从一条辊道平行移动到另一条辊道上。

（3）方坯收集装置及冷床：

1）方坯收集装置的作用。铸坯通过输送辊道到达卸坯区顶端挡板后，利用方坯收集装置将方坯横向推至冷床进行缓冷。

2）冷床的作用。铸坯在红热状态下起吊易变形、弯曲，特别当铸坯长度较长时更会造成这种后果，为保证铸坯的质量，整个铸坯冷却过程应缓慢地进行，因此必须由冷床来完成。

某炼钢厂工艺流程及设备，如图4-8和图4-9所示。

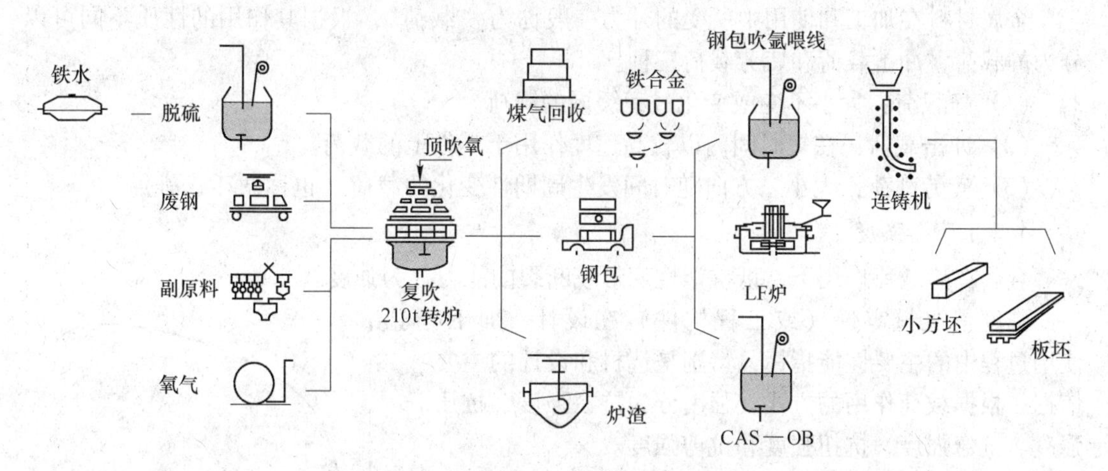

铁水 → 倒罐站 → 脱硫站 → 转炉 → 精炼/LF炉/CAS—OB → 方/板坯连铸机

图4-8　某炼钢厂工艺流程

图4-9　某炼钢厂装备

（a）铁水脱硫；（b）210t转炉；（c）LF炉；（d）CAS-OB；（e）方坯铸机；（f）板坯铸机

4.2　金属材料的性能

金属材料的性能包括使用性能和工艺性能。使用性能是金属在使用条件下所表现的性能，包括物理性能（密度、熔点、导热性、导电性、热膨胀性、磁性等）、化学性能（耐腐蚀性、热稳定性）和力学性能。工艺性能是金属在制造加工过程中反映出来的各种性能，包括铸造性能、压力加工性能、焊接性能、切削加工性能和热处理性能。

4.2.1　金属材料的力学性能

金属材料在加工和使用中所受的外力一般称为“载荷”，根据其作用的性质不同可以分为静载荷、冲击载荷和疲劳载荷三种。

(1) 静载荷：大小不变或变化过程缓慢的载荷。

(2) 冲击载荷：在短时间内以较高速度作用于零件上的载荷。

(3) 疲劳载荷：大小、方向随时间发生周期性变化的载荷（也称循环载荷）。

4.2.1.1　强度

金属在静载荷作用下，抵抗塑性变形或断裂的能力称为强度。

强度是机械零件（或工程构件）在设计、加工、使用过程中的主要性能指标，特别是选材和设计的主要依据。根据载荷作用的方式，强度分为抗拉强度、抗压强度、抗弯强度、抗扭强度和抗剪强度。

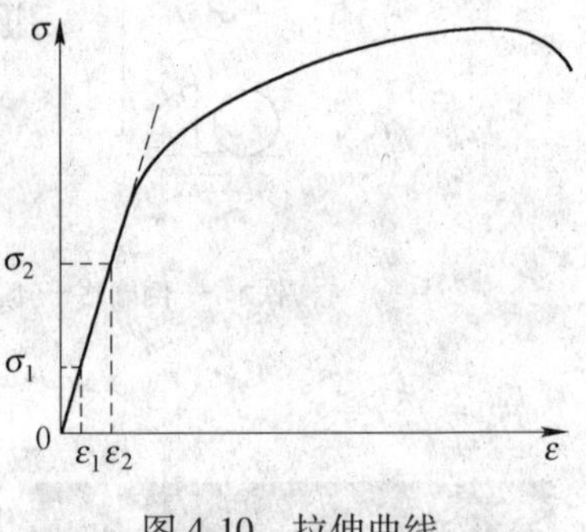

图 4-10　拉伸曲线

A　拉伸曲线

在拉伸机上对金属试样施加拉力，不断测量力的大小与试样的变形量，绘出相应的曲线图，如图 4-10 所示，图中曲线表示了金属试样在变形过程中经历了弹性变形、屈服、塑性变形、颈缩和断裂。拉伸试样如图 4-11 所示。

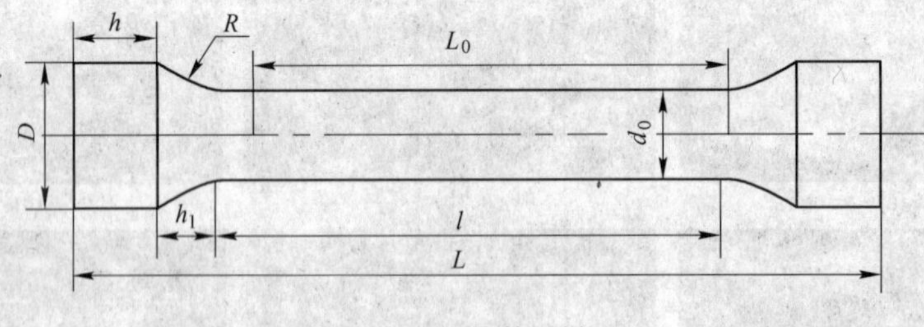

图 4-11　拉伸试样

B　强度指标

试样在受载荷作用时，其内部产生大小相等的抵抗力，单位面积上的抗力（内力）称为应力。

常用的强度指标为屈服极限和抗拉强度。

(1) 屈服极限。使金属材料产生屈服现象的应力称为屈服极限，用 R_e 表示。对于有些金属材料在拉伸试验中没有明显的屈服现象发生（如高碳钢），可用条件屈服强度表示

（撤去外力后，金属遗留 0.2%的塑性变形时的应力值）。R_e 分为上屈服强度 R_{eH} 和下屈服强度 R_{eL}。显然，金属结构件或金属零件只能在屈服极限以内工作。

（2）抗拉强度。试样在拉断前所承受的最大应力称为抗拉强度，用 R_m 表示。

屈服极限与抗拉强度的比值称为屈强比，其值越小，安全可靠性越高，但材料的有效利用率越低；其值越大则相反。

4.2.1.2 塑性

固体金属在外力的作用下发生永久变形而不破坏其完整性的能力称为塑性。

常用的塑性指标为伸长率和断面收缩率。

A 伸长率

试样拉断后，标距的伸长与原始标距的百分比称为伸长率，用 A 表示。

$$A = (L_U - L_0)/L_0 \times 100\%$$

式中 L_U——拉伸后标样的长度；

L_0——拉伸前标样的长度。

B 断面收缩率

试样拉断后，断裂处横截面积的缩减量与原始横截面积的比值称为断面收缩率，用 Z 表示。

$$Z = [(S_0 - S_u)/S_0] \times 100\%$$

式中 S_0——标样原始横截面积；

S_u——标样断后最小横截面积。

一般情况下，金属的伸长率与断面收缩率值越大，其塑性就越好。

4.2.1.3 硬度

金属材料抵抗更硬物体压入其表面的能力或金属材料表面抵抗变形的能力。

硬度是衡量金属材料软硬程度的指标，测量硬度的指标有布氏硬度、洛氏硬度、维氏硬度（HV）和肖氏硬度（HS），常用的是布氏硬度和洛氏硬度。

A 布氏硬度（HBS）

测定方法：在规定的载荷 P 的作用下，将一个直径为 D(mm）的淬火钢球或硬质合金球压入被测金属试样表面并停留一定时间，使塑性变形稳定后，再卸除载荷。测量被测试金属表面上所形成的压痕直径 d，计算出压痕的球缺面积 $F(\mathrm{mm}^2)$，然后求出压痕单位面积所承受的平均载荷（P/F），如图 4-12 所示。

优点：数据准确、稳定。

缺点：压痕大、不宜测成品、薄片金属及硬度较高金属（$HB>450$），原因是钢球变形，数据不准。

应用：测量比较软的材料。测量范围是 HBS<450、HBW<650 的金属材料。

B 洛氏硬度（HR）

测定方法：用顶角 120°金刚石圆锥体或直径为 1.588mm 的淬火钢球为压头，在规定的载荷作用下压入被测金属表面，然后根据压痕深度来确定试件的硬度值，如图 4-13 所示。

优点：操作迅速、简便、测量范围大、压痕小，对零件表面伤害小。

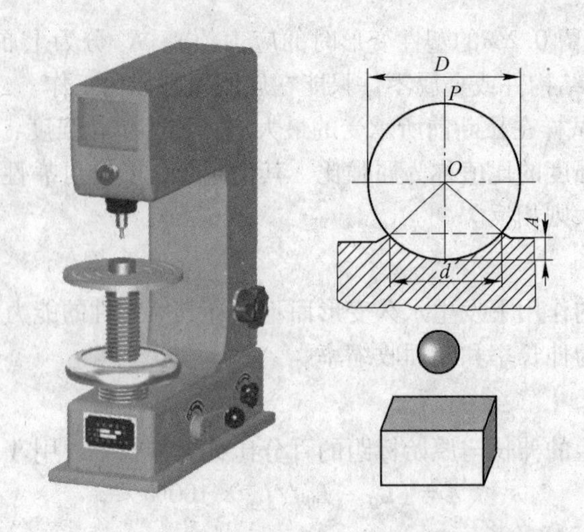

图 4-12　布氏硬度试验示意图

图 4-13　洛氏硬度试验示意图

缺点：压痕小对内部组织和硬度不均匀的材料测值不准。

布氏硬度与洛氏硬度测试法的比较见表 4-1。

表 4-1　布氏硬度与洛氏硬度测试法的比较

试验名称	试验特征	优点	缺　点
布氏硬度	在规定的载荷 P 的作用下，将淬火钢球或硬质合金球压入被测金属试样表面并停留一定时间，卸除载荷。测量被测试金属表面上所形成的压痕直径 d	数据准确、稳定	压痕大、不宜测成品、薄片金属及硬度较高金属（HB>450）
洛氏硬度	用顶角 120° 金刚石圆锥体或直径为 1.588mm 的淬火钢球，在规定的载荷作用下压入被测金属表面，然后根据压痕深度来确定试件的硬度值	操作迅速、简便、测量范围大、压痕小，对零件表面伤害小	压痕小对内部组织和硬度不均匀的材料测值不准

4.2.1.4　冲击韧性

金属材料抵抗冲击载荷作用而不破坏的能力称为冲击韧性。

金属材料的冲击韧性好坏是通过冲击试验来测定的，常用的冲击试验是摆锤式一次冲击弯曲试验，如图4-14所示。

试样被冲断过程中吸收的能量即冲击吸收功（A_k）等于摆锤冲击试样前后的势能差。

冲击韧性（a_K）：冲击吸收功除以试样缺口处截面积。

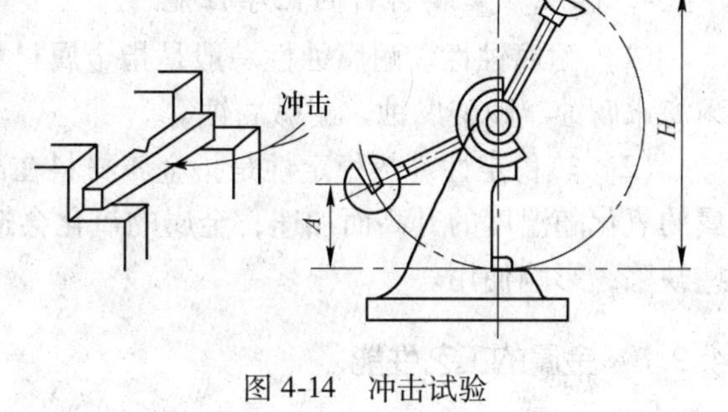

图4-14　冲击试验

4.2.1.5　疲劳强度

金属零件或构件在使用中受到交变应力的作用，虽然所承受的应力低于材料的屈服点，但经过较长的时间的工作而产生裂纹或突然发生完全断裂的过程称为金属的疲劳。

据统计在金属零件失效中有大约80%以上是属于疲劳破坏，并且因为其具有不可预见性，更容易造成重大事故。

疲劳破坏的特征是：

（1）疲劳断裂时没有明显的宏观塑性变形，断裂前没有预兆，而是突然破坏。

（2）引起疲劳断裂的应力很低，常常低于材料的屈服强度。

疲劳破坏产生的原因：材料表面或内部有缺陷（夹杂、划痕、显微裂纹等）。

疲劳极限的概念：试样可以经受若干次周期循环而不破坏的最大应力值称为疲劳极限，一般黑色金属取10^7周次；有色金属、不锈钢等取10^8周次。

4.2.2　金属的物理和化学性能

4.2.2.1　金属的物理性能

（1）密度。物质单位体积的质量称为密度。金属的密度是单位体积金属的质量，其表达式：

$$\rho = m / V$$

式中　ρ——物质的密度，kg/m^3；

m——物质的质量，kg；

V——物质的体积，m^3。

（2）熔点。金属从固态向液态转变时的温度称为熔点。每一种金属材料都有相对固定的熔点。

（3）导热性。金属材料传导热量的性能称为导热性。导热性的大小一般用导热率来衡量，导热率越高，金属的导热性越好。纯金属的导热性一般优于合金钢，导热性在金属的加热和冷却时应用较多。

（4）导电性。导电性是指金属传导电流的能力。它是金属所固有的特性，一般纯金属的导电性优于合金。

(5) 热膨胀性。热膨胀性是金属材料的体积受热时增大、冷却时收缩的能力。以热膨胀系数表示，不同的金属材料膨胀系数是不一样的，相同金属材料的不同部位所处温度的不同，其膨胀或收缩的程度也是不一样的。

4.2.2.2 金属材料的化学性能

(1) 耐腐蚀性。耐腐蚀性一般是指金属材料在常温下抵抗周围介质侵蚀的能力，例如耐海水腐蚀、耐酸腐蚀、耐碱腐蚀等。

(2) 热稳定性。热稳定性是指金属材料在高温下抵抗氧化的能力，也称抗氧化性。金属的氧化随温度的升高而加速，金属的氧化会造成金属材料的过量消耗以及有可能产生一些缺陷，影响使用。

4.2.3 金属的工艺性能

金属的工艺性能指的是金属材料对不同加工工艺方法的适应能力。

4.2.3.1 铸造性能

铸造性能是指金属或合金铸造成型获得优良铸件的能力，包括金属的流动性、收缩性和化学成分的偏析。

衡量指标有：

(1) 流动性。

(2) 收缩性。

(3) 偏析倾向。

4.2.3.2 焊接性能

焊接性能是指金属材料对焊接加工的适应性，也就是在一定的焊接工艺条件下，获得优异焊接接头的难易程度。一般低碳钢有着良好的焊接性，而含碳量越高焊接性能越差。

4.2.3.3 切削加工性能

切削加工性能是指金属材料接受切削加工的难易程度。

影响切削加工性能的主要因素有化学成分、组织状态、硬度、韧性等。铸铁（球墨化处理）比钢切削加工性能要好。

4.2.3.4 压力加工性能

压力加工性能是指金属材料在冷热状态下承受压力加工产生塑性变形的能力。它包括充填模具所需要的固态流动性、对模壁的摩擦阻力、对氧化铁皮的抗力、热裂趋势、冷变形时形变硬化趋势、不均匀变形的趋势等。

低碳钢的可锻性和冷冲压性比中碳钢、高碳钢好；碳钢比合金钢好。各种铸铁属脆性材料，不能承受任何形式的压力加工。

4.2.3.5 热处理性能

热处理性能包括淬火变形趋势、淬硬性、表面氧化及脱碳趋势、晶粒长大趋势、回火脆性等。

4.3 棒材产品的常见缺陷

棒材表面的缺陷，一是由原料带来的，二是在加热、轧制和精整过程中产生的。

控制表面质量必须首先严格控制坯料质量，严格检查、正确判断、认真清理修磨。要特别强调的是对坯料的隐形缺陷应引起注意，如针孔、潜伏的皮下气泡等，对炼钢及浇注未达到工序控制要求的坯料都应严格检查，不放过有潜伏缺陷的钢坯。下面简述几种棒材常见缺陷的特征、产生原因、预防消除方法及检查判断 。

4.3.1　耳子

耳子如图 4-15 所示。

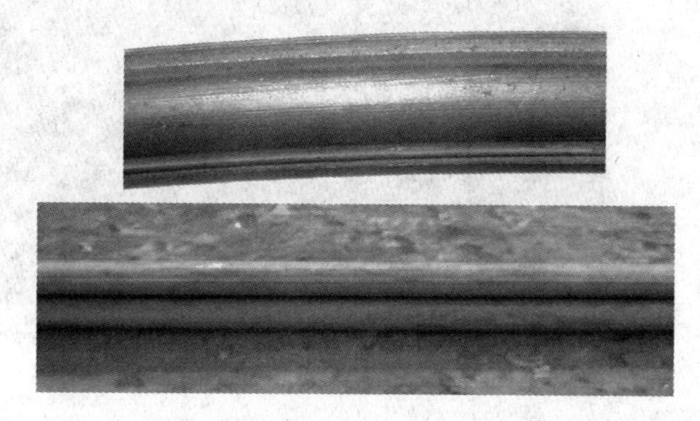

图 4-15　耳子

（1）缺陷特征：在型钢表面上，与孔型开口处相对应的地方，出现顺轧制方向延伸的凸起称为耳子。耳子有单边的，也有双边的。有时产生在型钢的全长，也有局部的或断续的。

（2）产生原因：

1）轧机调整不当，或孔形磨损严重，使成品孔产生过充满。

2）加热不均，温度过低造成宽展过大。

3）导卫板安装偏斜，轧件松动或尺寸过大，使轧件进孔不正。

4）孔型设计延伸分配不当。

（3）预防与消除方法：

1）完善孔型设计，选择合适的宽展系数。

2）加强轧机调整操作，合理分配压下量并根据钢温变化及时调整压下量。

3）及时更换磨损严重的孔型，正确安装成品入口导卫装置。

4）提高钢坯加热质量，达到温度均匀。

（4）检查与判断：

1）用肉眼检查，型钢表面不允许有耳子存在。

2）型钢表面的耳子可以采用修磨的方法进行清除，清除出必须圆滑无棱角。严禁横向修磨。

4.3.2　折叠

折叠如图 4-16 所示。

（1）缺陷特征：沿轧制方向与型钢表面有一定倾斜角，近似裂纹的缺陷称为折叠。一般呈直线状，也有锯齿状，出现在型钢的全长或局部，深浅不一，内有氧化铁皮。

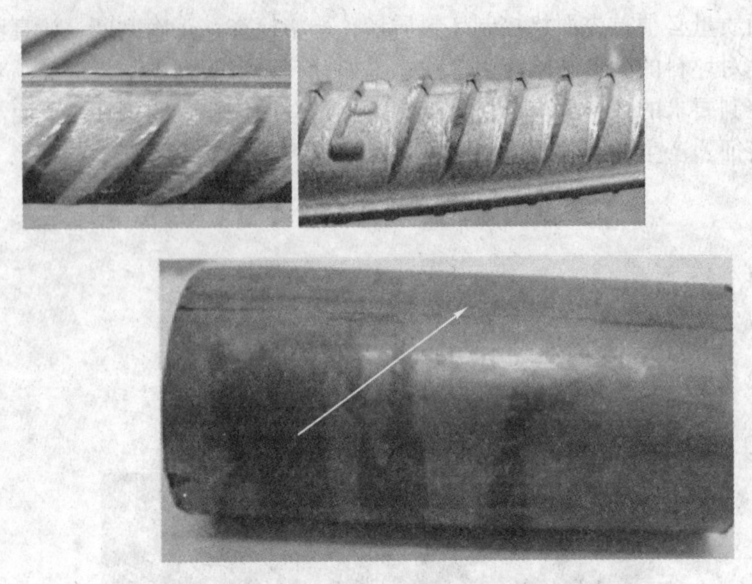

图 4-16　折叠

（2）产生原因：

1）主要是由于成品孔前某一道次出现耳子，再轧后压成折叠。

2）孔型严重磨损，或轧件严重擦伤，再轧后也可能形成折叠。

3）孔型或导卫板设计或加工不良，导卫板安装不当，使轧件产生台阶（特别是异型钢材）再轧后形成的。

（3）预防与消除方法：

1）完善孔型设计，加强轧机调整，正确安装导位装置，防止轧件出耳子和产生台阶。

2）保证导卫装置加工和安装的质量，及时更换磨损严重或粘有氧化铁皮的导卫装置，防止刮伤半成品轧件表面。

3）及时更换磨损严重的轧槽。

（4）检查与判断：用肉眼检查，型钢表面不允许存在折叠。

4.3.3　裂缝（又称裂纹）

裂缝如图 4-17 所示。

图 4-17　裂缝

（1）缺陷特征：一般呈直线形，有时呈Y形，其方向多与轧制方向一致。

（2）产生原因：

1）原料有裂缝或有皮下气泡、非金属夹杂物，经轧制破裂或暴露。

2）加热不均温度过低，轧件在轧制中各部延伸与宽展不一致，加热速度过快（或炉尾温度过高）或冷却不当产生较大的热应力，经轧制造成的裂缝，多发生在高碳钢和合金钢上。

（3）预防与消除方法：

1）加强钢坯装炉前的质量检查，不合格的钢坯不能投料。

2）采用合理的钢坯断面，增加由坯到材的总变形量。同时采用合理的孔型设计及加热制度，可是钢坯轻微的原始裂缝在轧制变形过程中消除。

（4）检查与判断：用肉眼检查，型钢表面的裂纹不允许存在。

4.3.4 发纹

（1）缺陷特征：型钢表面上呈现深浅不等的分散或成簇分布的发状细纹称为发纹。其形状大小不同，多与轧制方向一致。

（2）产生原因：

1）主要是钢锭和钢坯的皮下气泡在轧制中未焊合，或非金属夹杂物在轧制后暴露于表面而形成。

2）坯料原有的细纹或成品前孔轧槽过老造成的严重压痕。加热温度不均钢温过低或轧后冷却不当，也可能形成发纹。

（3）预防与消除方法：

1）加强钢坯验收和装炉前的质量检查，不采用表面裂缝、发纹及清理不符合要求的钢坯。

2）采用合理的钢坯断面，增加由坯到材的总变形量。同时采用合理的孔型设计、加热制度和钢材冷却制度。

（4）检查与判断：用肉眼检查或经砂轮等工具横向打磨后，用量具从缺陷底部算起，测量其深度，按相关标准进行判定。

4.3.5 气泡（包括凸泡）

（1）缺陷特征：型钢表面呈一种无规律分布的圆形凸起，称为凸泡。凸起部分的外缘比较圆滑，凸泡破裂后形成鸡爪形裂口或舌形的结疤，称为气泡。多产生于角部或四面，类似于烧裂，但裂口里较烧裂光滑。

（2）产生原因：

1）钢锭或钢坯有皮下气泡，在轧制时没焊合。

2）沸腾钢上涨严重或沸腾不好，造成坚壳带过薄，大量的蜂窝气泡外移，钢锭加热后蜂窝气泡暴露，再经轧制形成鸡爪形裂口。

3）加热温度过高或操作不当引起过烧，造成蜂窝气泡暴露，经轧制后形成。

4）沸腾钢的蜂窝气泡在轧制中未焊合，再轧时暴露于表面且未破裂形成凸泡。

（3）预防与消除方法：加强钢坯的验收和质量检查，不采用气泡暴露的钢坯。采用合理的加热制度。

（4）检查与判断：

1）用肉眼检查，钢材表面不得有气泡。

2）当气泡与过烧难以辨别时，可进行金相检验，按其缺陷特征分清责任。

4.3.6　结疤

（1）缺陷特征：一般呈舌头形或指甲形，也有呈块状或鱼鳞状的分布于型钢表面，大小或厚度均不等，其外形轮廓极不规则，有闭合与不闭合的，有生根和不生根的，有翘起和不翘起的，有单个和多个成片的，翘起的结疤又称为翘皮。

轧制产生的结疤不易翘起呈现为周期性。原料产生的结疤容易翘起，一般下面都有氧化铁皮。

（2）产生原因：

1）铁锭表面有残存的结疤，重皮、皮下气泡，或钢锭、钢坯修磨的深宽比不符合要求，经轧制形成结疤。

2）轧槽掉肉或有砂眼，轧件通过后，表面产生凸块，再轧制后呈现周期性的生根结疤。

3）轧件在孔型内打滑，造成金属堆积在变形区周围的表面上，再轧制时产生结疤。

4）轧辊孔型刻痕不良，轧件表面形成比较高的凸起金属，继续轧制产生有规律的结疤。

5）外界金属物落在轧件表面上，被带入孔型变形区内，压入表面形成不生根的结疤。

6）钢温不均或轧制温度不当，易在钢材角部产生连续性的结疤。

（3）预防与消除方法：加强钢坯验收和装炉前的质量检查。

（4）检查与判断：用肉眼检查，型钢表面的结疤在相应产品标准中均已作出明确规定。局部结疤可以将其切除。

4.3.7　划痕（又称划伤、擦伤）

划痕如图4-18所示。

（1）缺陷特征：一般呈直线或弧形的沟痕，其深度不等，通常可见到沟底。长度自几毫米到几米，连续或断续的分布于钢材的局部或全长。多为单条，也有多条的。

图4-18　划痕

（2）产生原因：

1）导卫板加工不良，口边不圆滑，安装不当，磨损严重，或粘有氧化铁皮。

2）孔型侧壁磨损严重，轧件接触产生弧形划痕。

3）钢材在运输过程中与表面粗糙的辊道、地板等接触产生。

（3）预防与消除方法：加强对导卫装置等设备的加工、安装和调整，应保持光滑平整，不得有尖锐的棱角，不应偏斜或过紧。

（4）检查与判断：用肉眼检查，采用量具测量划痕的深度时，应从缺陷边缘的凸起缺陷底部算起，按相关标准进行判定。

4.3.8 分层

（1）缺陷特征：型钢的剪切断面上呈黑线或黑带，严重的分离成两层或多层，分层处伴随有夹杂物。

（2）产生原因：

1）主要是由于镇静钢的缩孔或沸腾钢的气囊未切净。

2）钢锭或钢坯的皮下气泡，严重的疏松在轧制时未焊合，严重的夹杂物也会造成分层。

（3）预防与消除方法：加强钢坯验收和装炉前的质量检查，不使用有缩孔、气囊、尾孔等缺陷的钢坯。

（4）检查与判断：用肉眼观察，型钢不得有分层。

4.3.9 麻点（又称麻面）

（1）缺陷特征：型钢的表面呈凸凹不平的粗糙面，有局部的，也有连续和周期性分布的。

（2）产生原因：

1）轧辊冷却不良，孔型严重磨损或孔型黏附有氧化铁皮等物。

2）采用孔型系统不合理，氧化铁皮不能脱落，压入表面后脱落或形成麻点。

3）孔型的严重锈蚀。

（3）预防与消除方法：

1）换辊前线检查轧槽，不使用严重锈蚀的轧槽。

2）加强钢坯加热操作，减少钢坯氧化铁皮的厚度，防止氧化铁皮压入轧件。

3）改进轧辊材质，在使用中保持轧槽良好的冷却，提高轧槽的耐磨性。

4）及时更换磨损严重的轧槽。

（4）检查与判断：用肉眼检查，并用量具测量缺陷深度及对钢材截面尺寸的影响程度，按相关标准判定。

4.3.10 凹坑

（1）缺陷特征：周期性或无规律地分布于型钢表面的凹陷，称为凹坑。

（2）产生原因：

1）成品孔型有凸块或黏附有氧化铁皮等物，轧件通过后呈周期性凹坑。

2）在轧制过程中，外来金属物落在轧件表面上，轧入表面后脱落形成。

3）型钢表面活结疤的脱落。

4）成品孔前孔型黏附异金属物、导卫板黏附有金属物，轧件通过后表面产生凹陷。

（3）预防与消除方法：

1）加强钢坯验收，表面有严重结疤的钢坯不投料。

2）在轧制时防止轧件产生结疤。

3）及时更换占有凸起物的轧槽或粘有凸起物的导辊。

4）加强钢坯加热操作，减少钢坯氧化铁皮的厚度，防止氧化铁皮压入轧件。

5）采用合理的孔型系统，以利于轧制过程中氧化铁皮脱落。

（4）检查与判断：用肉眼检查，并用量具测其深度，根据相关标准判定。

4.3.11　凸块（瘤子）

（1）缺陷特征：呈周期性的凸起小包，称为凸块。

（2）产生原因：由于成品孔或成品前孔掉肉有砂眼。

（3）预防与消除方法：

1）换辊前认真检查轧槽的表面质量。

2）不应轧制“黑头钢”，并保持轧槽良好的冷却，以防损伤轧槽。

3）处理堆钢事故时，防止损坏轧槽。

4）生产中一旦发现轧槽损坏应及时更换。

（4）检查与判断：

1）如遇轧制“黑头钢”应及时检查轧槽，同时继续检查相当成品轧辊周长的钢材表面质量，以期及时发现缺陷。

2）成品检查凸块的高度时，按相关产品的技术条件进行判定。

4.3.12　缩孔残余

（1）缺陷特征：型钢断面上呈现对称于轴线的波峰或孔洞，形状一般为回字形的分离或舌状缺口。

（2）产生原因：钢锭的缩孔深度超过所允许的规定数值，或钢坯的缩孔未完全切除。

（3）预防与消除方法：加强钢坯验收和装炉前的质量检查，不采用有缩孔、气囊等缺陷的钢坯。

（4）检查与判断：用肉眼（也可同时用白纸映照钢材端面）进行观察。必要时还可以用砂轮垂直打磨钢材断面后进行检查。型钢不得有缩孔残余。

4.3.13　表面夹杂

（1）缺陷特征：一般呈点状、块状或条状分布，其颜色有暗红、淡黄、灰白等，机械地黏结在型钢的表面上不易剥落，且具有一定的深度，大小形状无一定规律性。

（2）产生原因：

1）钢锭或钢坯带来的表面非金属夹杂物。

2）加热或轧制过程中，偶然有非金属夹杂物（如加热炉的耐火材料或炉底炉渣）黏附在钢坯表面，轧制后嵌在钢材表面形成表面夹杂。

（3）预防与消除方法：

1）加强钢坯引进设备和装炉前的纸袋检查，不采用有表面夹杂得的钢坯。

2）钢坯或轧件所经之处，要避免黏附非金属物。

4.3.14　弯曲

（1）缺陷特征：型钢沿垂直或水平方向呈现不平直的现象，称为弯曲。一般为镰刀形或波浪形。

（2）产生原因：

1）孔型设计或轧机调整不当，轧辊倾斜或跳动，上下辊径差过大。

2）轧件温度不均，使金属延伸不一致。

3）成品冷却不均、吊运、堆放不当均可造成弯曲。

4）矫直机操作不当，调整不良以及矫直温度较高。

（3）预防和消除方法：

1）加强轧机调整操作，正确安装导位装置，在轧制中控制轧件不应有过大的弯曲。

2）加强冷床设备的维护，保持冷床齿条的平直。剪切时，保证定尺长度并防止撞弯钢材。

3）加强矫直机的调整及时更换磨损严重的矫直辊。钢材温度过高时，应停止矫直。

4）加强对成品库的管理，防止钢材被压弯或被吊车钢丝绳挂弯。

（4）检查与判断：用肉眼检查，必要时采用工具测量钢材各种弯曲度时，一律以弦高计算。钢材的弯曲度不得超过相关技术标准的规定。

4.3.15　不圆度超差

圆形截面有轧材，如圆钢和圆形钢管的横截面上，各个方向上的直径不等。

$a-b$ 大于标准要求，且 b 在标准范围内，圆钢断面呈椭圆状称为不圆度超差，如图 4-19 所示。

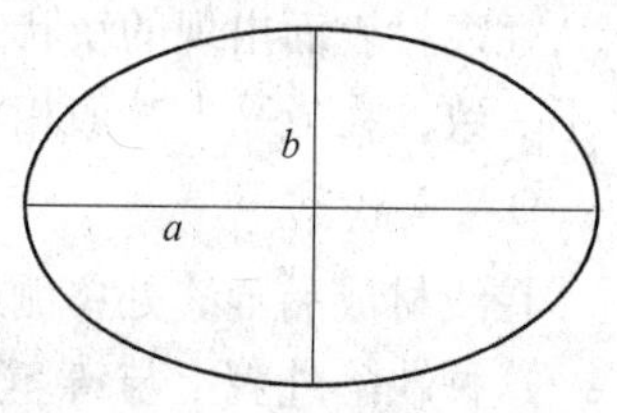

图 4-19　不圆度超差

4.4　高速线材结疤缺陷的规律性判断

表面质量是衡量高速线材质量的重要指标之一，在高速线材生产过程中，因结疤缺陷造成的损失约占全部废品损失的 1/3。影响高速线材结疤质量的因素很多，如冶炼缺陷、轧制工艺不当、设备状况不良等都可能对线材表面造成损害，产生缺陷。

而在实际生产中，对于表面缺陷大多是靠肉眼和经验来检查和判断的，这就难免出现差错，造成漏判或错判。

根据多年的生产实践，经过大量的数据统计和现场跟踪，归纳出高速线材结疤缺陷产生的原因和分析判断的规律，从而为高速线材结疤缺陷的分析和判断提供参考。

下面重点以表面结疤缺陷为例，浅析线材结疤缺陷的分析和判断的方法。

4.4.1　结疤的特征及成因

结疤是尺寸大小不一、无规则缠裹在线材表面的一种缺陷，通常又可分为有根结疤和无根结疤两种。

有根结疤的根部与线材基体粘连在一起，空隙间充填着氧化铁皮或非金属夹杂物；无根结疤与线材基体存在明确界面，极易自行脱落。

结疤产生的原因有：

（1）轧制过程中，氧化铁皮或其他异物随轧件进入轧机，在条件适当时便形成无根结疤。

（2）冶炼和浇铸过程中，在钢锭（坯）表面产生的非金属夹杂，在轧制过程中形成结疤。

(3) 钢坯火焰清理不当，或修磨不完善时，也会在轧制过程中形成结疤。

4.4.1.1　结疤的形状

A　点状弥散型细小结疤

线材表面弥散着 0.5~2mm 的细小薄层结疤，在成品盘卷上几十圈或上百圈无规律断续分布，用手触摸略刮手，用力擦拭会脱落，留下疤痕，如图 4-20 所示。这种缺陷往往成批出现，数量很大。

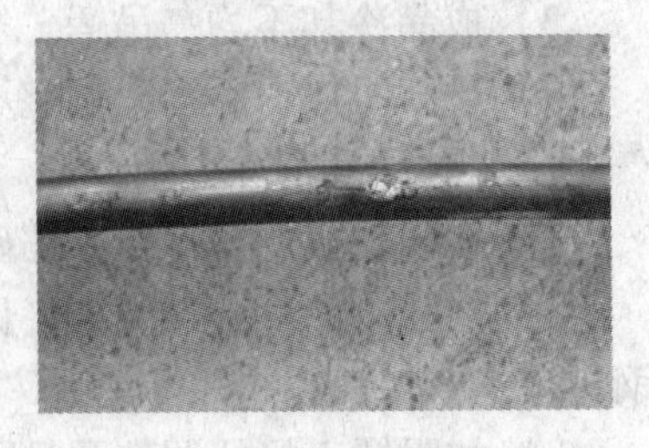

图 4-20　点状弥散型细小结疤

B　块状无根结疤

线材表面附着大块结疤，其边缘清晰，而形状、大小不一，结疤底部与基体不粘连，在成品表面分布无规律。

C　翘皮状有根结疤

在线材表面出现的块状结疤一侧翘起，另一侧与基体相连，是有根结疤，其形状和大小不一致，在成品上一般相对集中出现 1 圈至 10 多圈。

D　点状结疤

在线材成品辊缝处单侧或双侧附着点状细小结疤，或连续或断续，如图 4-21 所示。

这种缺陷外貌上与铸坯点状弥散结疤相似，区别在于轧制点状结疤一般只出现在成品辊缝处，并且通常在某一条精轧线上连续出现，而铸坯点状结疤则弥散分布于线材表面，没有固定位置。

E　锯齿状结疤

其一侧与基体相连，另一侧翘起或压合在线材表面，这部分翘起或压合的边缘呈锯齿状，如图 4-22 所示。

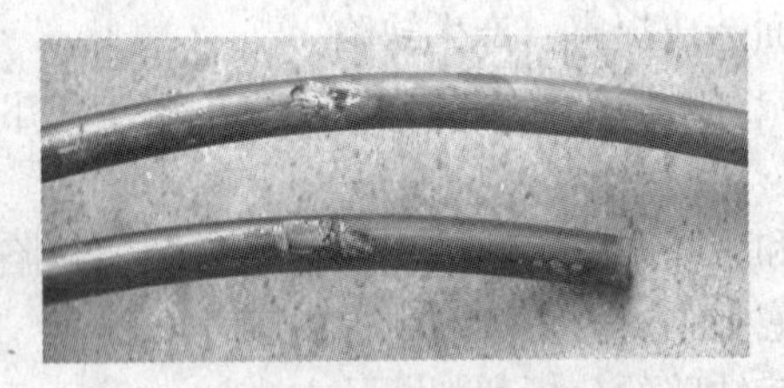

图 4-21　点状结疤

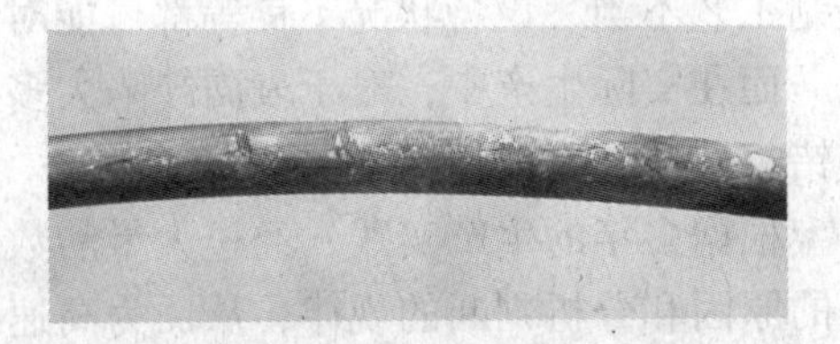

图 4-22　锯齿状结疤

这种缺陷往往十几圈甚至上百圈连续出现，但盘卷其他部分表面良好。或者在线材表面一侧或两侧连续出现结疤，结疤的一边与基体相连，另一边翘起或不压合在线材表面，其边缘呈锯齿状。

F　周期性块状结疤

线材表面上有块状结疤，有时被完全压入线材表面以内，表面可见较清晰的结疤边缘曲线；有时略凸起在表面之上，成为凸块，如图 4-23 所示。

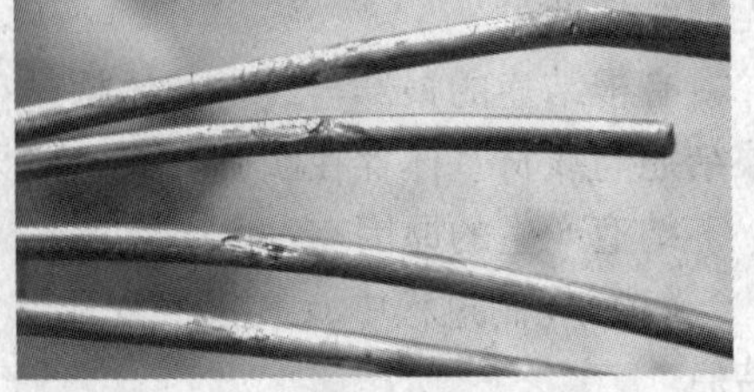

图 4-23　周期性块状结疤

结疤外貌形状和大小基本一致，在盘条上周期性发生，此种结疤为有根结疤，一般在某一轧线上连续发生，直至停机为止。

4.4.1.2　结疤成因分析

A　钢坯原因

根据现场研究，上述第1~5种结疤缺陷主要是由铸坯的缺陷造成的，虽然缺陷4有些是由轧制原因造成，但在实际工作中往往无法严格地区分开来。

由于铸坯角部的横裂纹或纵裂纹及其表面的小块结疤等缺陷深度较大，从而导致铸坯从加热炉出来经高压水除鳞时无法消除，铸坯的这些缺陷不可避免地表现在成品表面，形成点状细小结疤，随着轧件的延伸而弥散分布。

原料上的大块无根结疤和有根结疤或铸坯内部夹杂，经多道次轧制后，随着轧件延伸和细化逐渐暴露出来，由于结疤部分冷却较快，比轧件的变形系数小，不会细化得更小，因此作为大块结疤轧入轧件或在线材表面显现出来，形成块状无根结疤和翘皮状有根结疤。

锯齿状结疤则是在轧钢过程中，坯料上的裂缝、折叠和耳子或轧制过程中形成的折叠和耳子，经过几道轧制后呈折叠状，再经过多次轧制，折叠顶部较薄的部分出现撕裂，呈锯齿状黏附在成品表面，较厚的部分仍与基体相连；或铸坯内部气囊在轧制过程中，没被压合的部分被拉长，经过多次轧制后被移至轧件表面，破裂后呈折叠状，较薄的部分被撕裂呈锯齿状黏附在成品表面，较厚的部分仍与基体相连。

有时细小点状结疤缺陷在整批号、整炉号出现，而铸坯的表面未见明显的缺陷，化学成分也无异常，这可能是由于钢坯在连铸过程中出了问题，或者钢水中的夹杂较多等内在质量原因造成的。

B　轧制原因

周期性块状结疤的形成是由于精轧机组辊环轧槽部分脱落或辊环轧槽横向断裂，在轧件上造成凸块，被后续轧机压入轧件表面所致。

根据辊环缺陷或断裂处机架不同，结疤的大小和深浅及边缘清晰程度也不相同。

靠近成品道次的结疤较为明显，反之则结疤较大，压入较深，只可见边缘曲线。如果是成品孔辊环缺陷或断裂，则在线材上只留下与缺口外貌极相似的凸块。结疤发生的周期与该辊环直径和后道次的延伸系数成正比。

粗中轧机进出口导卫安装不正确或老化，在轧件表面形成划擦伤痕，被后续轧机反复压入轧件表面，也是形成结疤缺陷的一种主要轧制原因。

4.4.2　产生表面结疤缺陷根源的判断

在高速线材的生产过程中，产品表面缺陷的产生主要集中在两个环节上。一是原料钢坯；二是轧制因素。

显而易见，如果在实际生产中，能根据成品线材的表面缺陷特征来判断产生缺陷的真实位置，即找出产生缺陷的根源，对于减少和避免损失是十分有意义的。

经过统计分析和现场跟踪，发现所有的表面缺陷均具有相应的因果关系，有一定的规律可循。

4.4.2.1　钢坯产生表面结疤缺陷的判断

由原料钢坯原因所产生的线材表面结疤缺陷有比较好的位置符合性。如果设钢坯是边

长为 a 的方坯，钢坯缺陷距头部的距离为 b，成品线材半径为 r，则根据体积不变的原理有：

$$\pi r^2 L = a^2 b \tag{4-1}$$

即
$$L = (a^2 b)/(\pi r^2)$$

式中　L——成品线材上表面缺陷距头部的距离。

在实际生产中，由于受多种因素的影响，表面缺陷的实际位置会产生一些偏差。因此，在实际检测过程中，取系数 0.9~11.1 来修正式（4-1）。

如果是由于原料钢坯因素引起的成品表面出现结疤（前述 1~4 种）根据计算，通过 L 值即可判断该缺陷在原料上的基本位置，从而通知生产厂查找原料相关情况，如无问题则再进行其他因素的检查，比如轧制的情况等。

4.4.2.2　轧制因素产生表面结疤缺陷的判断

由于高速线材轧制工艺的特点，因精轧机组故障所产生的成品线材结疤缺陷都有一定的周期性，因此，准确地分析结疤缺陷出现的周期长度，就能够比较准确地判断出现问题的位置，以达到及时排除故障、减少损失的目的。

该生产厂精轧机组由 10 架轧机组成，粗轧、预精轧由 13 架和 4 架组成，粗轧、预精轧、精轧制各工序都有可能由于轧制原因产生结疤缺陷。

首先注意成品辊产生缺陷时，在线材表面所产生缺陷的周期性，即周期长度。进而分析任一架轧机故障所形成的表面缺陷都会经过成品孔轧机，所以在分析时，按照秒体积流量相等原理，故障孔产生的表面缺陷在线材产品上也出现周期性，只是长度随轧制道次减小而增加。这种产品规格表面缺陷出现的周期性，在实际生产中很有指导意义。

例如实际工作中，成品表面出现有规律的较大块结疤，则基本可判断为精轧机双道次滚动导位有问题产生的；较为细碎的点状结疤（前述第 4 种）则基本可判断为精轧机或预精轧机单架次发生轻微倒钢或孔型错位引起。

另外，粗轧单架次进口导位由于某种原因产生刮钢会在成品表面形成无规律弥散型结疤或锯齿型结疤；双架次出口导位扭转角度不好会引起线材成品前端或后尾部分表面出现较小的点状结疤。实际检验工作中要细心观察，根据不同情况和规律性进行判断。

高速线材结疤缺陷一方面影响到最终使用，另一方面也给生产厂带来了大量损失。

在实际工作过程中，加强在线产品质量监督检查，及时发现产品结疤出现的各种缺陷，通过上述分析总结的经验，及时准确地将存在的缺陷问题反馈给生产厂，并将自身分析的产生原因与相关岗位进行沟通，充分发挥质检工作及时反馈、协助解决的作用，使出现的问题尽快得到处理，从而降低检验废品量，使生产厂的损失、消耗降到最低。

4.5　中厚板混号问题之我见

4.5.1　事件缘起

某日，厂理化中心对 SS400 和 SM490A 两个级别的钢板进行力学性能试验后，发现 SM490A 的强度数值与标准值相差太多，而与 SS400 的标准值相符；同时发现 SS400 的强度数值与其标准值也完全不符，和 SM490A 的标准值相符。

鉴于此情况为极度异常现象，质量专业部门初步认定这是一起混号事件，责成质检班组配合完成对此事根本原因的调查分析。钢坯或钢板等实物与台账或按炉送钢卡等记录不符，即定义为混号，主要分为钢种混、炉号/批号混和规格混三种。其中以钢种混造成的后果最为严重。

4.5.2 混号事件分析解决过程

4.5.2.1 查找原因

首先根据中厚板生产工艺流程，逐项列出厂发生混号的全部可能原因：

（1）外围库环节。钢坯在外围库的标识转移过程中可能出现标识转移错误，造成钢坯混号。

（2）钢坯入车间库环节。钢坯入车间原料库时，没有码放在规定的垛位上，造成混号。

（3）钢坯上料环节。天车工上料时，没有按照上料顺序上料，造成钢坯混号。

（4）加热和轧制环节。在过于频繁的穿插出钢和有回炉坯的情况下，由于加热工序和轧钢工序没有沟通好，可能发生混号。

（5）冷床运钢环节。冷床操作工没有按照生产顺序进行拉钢，钢板顺序混乱，描号工没有及时描号造成混号。

（6）取样环节。取样工未看清或看差行任务单，在样坯上所写的批号、炉号与生产任务单上不相符；取样工忘记取样，自己发现后，随意在其他钢板上取样代替，造成混号。

（7）试样加工环节。在样坯投入加工前，对标识模糊，不易辨认的样坯没有进行确认；在试样加工标识转移过程中看错或打错试样编号，造成混号。

这些情况均可能造成钢种混、炉号（批号）混、规格混等混号现象。

针对上述分析，按照由易到难的顺序查找真正的混号原因：

（1）外围库环节。经调查，混号的两个钢种的钢坯在外围库卸车的时间不是同一天，不是同一天切割和倒运的，因此不存在因交叉作业而造成混号的可能。

（2）钢坯入车间库环节。混号的两个钢种的钢坯入车间原料库时不是同一天，垛位也相距很远，SS400 钢坯在 8 线，SM490A 钢坯在 29 线，发生混号的可能性较小。按照规定，进厂的坯料都有明显的色带标识，如果码放位置错误，可以及时被发现。

（3）试样样坯成分及标识检查。对试样样坯分别做化学成分分析，分析结果与拉断试样成分吻合；同时样坯标识清晰准确，因此排除试样加工过程中出现错误的可能。

（4）钢板成分印证。在混号的钢板上取样，做化学成分分析，结果与原样坯化学成分完全相同。因此，排除取样过程中出现错误的可能。

（5）冷床拉钢环节。调查当天生产情况，没有异常拉钢的情况出现，生产秩序顺畅，描号没有出现异常。

（6）加热和轧制环节。调查当天生产记录，没有发现穿插出钢的情况，生产秩序顺畅。

（7）钢坯上料环节。调阅当天钢坯上料录像，发现上料时将 SS400 钢坯和 SM490A 钢坯顺序搞错了。天车工上料时，由于上料节奏快，自行在垛板台附近建立临时垛位。在建临时垛时，只考虑了钢坯长度的不同，没有考虑钢种的差异及建垛时的前后顺序，利用上料的间隙把 SS400 钢坯和 SM490A 钢坯都码放在了临时垛上，向垛板台上料时，穿插从临时垛吊料，对钢种没有进行识别。监装工对垛板台上的钢坯也没有及时进行检查与核实，使钢坯最终装入炉内。

经过上述程序的严密排查，最终确定混号出现在钢坯上料环节。

4.5.2.2 处理过程

对于上述混号的钢板，提出如下处理意见：

（1）将混号的钢板由成品库全部退回中间库单独码放。

（2）化学分析试验人员对每一块钢板的化学成分重新进行检验识别。

（3）确认混号钢板的正确钢种和炉批号后，重新改喷标识。

4.5.3 从混号事件获得的启示

如果此次混号没有被发现，混号的钢板一旦被运到客户手里，在钢板使用过程中出现问题，轻则造成构件报废，重则出现人身和设备事故。在经济效益上会给公司造成巨大的损失，在声誉上也会造成极其恶劣的影响。由此可以获得如下启示：

（1）本次混号的根本原因是上料环节没有执行按炉送钢制度，造成 SS400 钢坯和 SM490A 钢坯相互混淆。如果严格按顺序上料，则混号不可能发生。原料管理人员没有按照要求指挥天车工上料；0 号台操作工没有按照作业指导书要求进行“三查三对”（即查实物、对凭证，查标记、对凭证，查块数、对凭证）；监装工没有按照作业指导书的“核实钢坯规格、钢种、炉（批）号、块数等是否与《钢板生产按炉送钢卡》相符，以防止混号”的要求操作，最终造成钢坯混号事件发生。反映出一些员工漠视制度和规定，也说明专业部室对规章制度执行情况的检查和监管力度不够。

（2）造成上料混号的操作工是新手，对诸如钢种如何识别及混号的后果等基本常识一无所知，说明新员工培训和师带徒工作都存在不足，急需加强。随着管理制度的不断完善和新规定的制定，也需要加强对老员工的业务培训。

（3）生产任务紧和侥幸心理也是一个原因。在生产任务紧的形势下，一些员工不从根本上想办法解决问题，而是投机取巧，自行变通制度，存在严重侥幸心理，总认为问题不会出现，没有认识到问题一旦出现的严重性和制度及规定制定的目的性。

4.5.4 混号预防控制措施

混号预防控制措施如下：

（1）全体员工吸取经验教训，坚决贯彻各种制度和规定，专业部室加强检查和考核。在平时的工作中全体员工一起多提问题、多想办法，提早预防，避免以后再发生同类的事件。

（2）基层管理。针对班组新人较多的问题，要求班长及老师傅充分发挥作用，做好新人的传帮带工作。计划调度针对当天的生产计划，在班前会上要强调应注意的事项，不放过任何一个细小的问题，在日常工作中要勤下现场抽查，保证生产顺畅。

（3）外围库。按照公司的管理规定，钢坯在切割过程中要做好标识转移工作，将钢种、炉号、规格转移标记清楚、准确，按规定及时刷色带，达到便于识别，避免混号的目的。在条件允许的情况下，必须对钢坯按照钢种不同分区码放。

（4）车间原料库：

1）钢坯按规定分区域入库码放，入库前必须检查钢坯规格、钢种、色带是否齐全，是否与质保书内容一致。钢坯码放必须保证色带侧（横切坯除外）面对天车工，便于分辨。

2）上料时必须严格执行按炉送钢制度，严格按照上料单上的垛位号和钢坯码放顺序上料，保证上料顺序的准确性。

3）天车工与原料管理人员要密切配合，发现可疑情况应及时与原料管理人员联系，确保上料准确无误。

4）0号台操作工和监装工要加强责任心，在钢坯入炉之前，认真卡量好每一块钢坯，注意核对炉号与钢卡上所开具的是否一致；发现问题及时停止上料，通知原料管理人员立即查找原因，及时向调度室汇报，一定要把好上料这道关，保证入炉的钢坯准确无误，确保生产的正常进行。

（5）加热工序和轧钢工序。当出现穿插出钢或有钢坯回炉时，必须及时准确做好报号工作。

（6）精整区和成品加工公司：

1）冷床操作。注意及时准确报号，必须按照顺序拉钢。因设备故障或操作问题需要打破顺序时，必须提前描号或安排专人跟踪顺序，避免钢板混乱。

2）描号操作。必须听准报号，将批号写准、写清，便于剪切人员、取样工、喷字工准确操作。因设备故障或操作问题需要打破钢板顺序时，能够提前描号时必须提前描号，避免钢板混乱。

3）取样工序。定尺剪操作工或火焰切割工要在取样后，必须核实确认钢板标识，及时在样坯上描清钢种、批号、炉号、规格、初（复）验、日期等。

监督取样的质检人员要加强检查力度，并且注意核对样坯上填写的信息是否完整、清晰与准确。

（7）试样加工车间。样坯的码放注意整齐、有序、标识清楚，避免出现混乱。每个班每一天的样坯单独码放。打号工要将试样编号打清晰、打整齐，避免让人产生误解。标识转移注意准确。

（8）实验室。如果在实验中发现有异常问题，要立即进行内部检验确认，并且及时逐级反馈。

本节从一起钢板混号事件的个例出发，“解剖麻雀”，从特殊到一般，找到了避免混号再次发生的一般性措施，突出了质检工作的预防职能，为公司彻底解决混号问题指明了方向。

4.6 热轧带钢产品的缺陷

4.6.1 辊印

（1）缺陷特征。辊印是一组具有周期性（其周期长度即为产生辊印的辊子的周长及其后再加工的延伸量，2160轧机系统易产生辊印的辊径见表4-2），大小形状基本一致的凸凹缺陷，并且外观形状不规则的缺陷，如图4-24所示。

表 4-2 轧制线有关辊径及周长 (mm)

项目	R1 工作辊	R2 工作辊	F1～F3 工作辊	F4～F6 工作辊	助卷辊	上夹送辊	下夹送辊	开卷辊
直径	1350～1200	1200～1100	850～765	760～685	380	900	500	300
周长	4239～3768	3768～3454	2669～2402	2386～2151	1193	2826	1570	942

例如：如果是由于 F4 上工作辊产生的辊印，如果 F4 的轧制厚度为 8×1800mm，成品厚度为 3×1800mm，其辊印周期为：$760\times3.14\times8/3=760\times3.14\times8/3=6363$mm（因为宽度不变）。

图 4-24 辊印

（2）产生原因。一方面由于辊子疲劳或硬度不够，使辊面掉肉呈凹形，另一方面由于辊子表面粘有异物，经轧制或精整加工的钢材表面形成凸凹缺陷。

（3）预防及消除方法：

1）正确选择轧辊材质及其热处理工艺，调整轧辊冷却水，使辊身冷却均匀，预防轧辊掉肉。

2）定期检查轧辊表面质量，禁止违章轧钢或异物进入轧辊，预防伤害轧辊表面。

3）定期更换疲劳的轧辊、夹送辊、助卷辊等。

4）如轧钢发现异常如冷卷、卡钢、甩尾等情况时，应及时检查轧辊表面是否损伤。

5）定期检查精整加工线平整辊、矫直辊等表面质量。

6）依据辊印周期长度计算出产生辊印的辊子直径，确定后及时通知有关操作人员采取措施。

（4）检查判断：

1）根据有关技术标准判定凹辊印是否超标，如超标可判废或让步产品。

2）如对较轻凸辊印可采取用平整机平整的方法减轻或消除，如对较严重凸辊印可判废或让步产品。

4.6.2 氧化铁皮

（1）缺陷特征。氧化铁皮一般黏附钢板表面上，分布于板面局部或全部，铁皮有的疏松易脱落，有的压入板面不易脱落，如图 4-25 所示。根据其外观形态不同可分为红铁皮、线条状铁皮、木纹状铁皮、流线状铁皮、纺锤状铁皮、拖曳状铁皮或散沙状铁皮等。

图 4-25 氧化铁皮压入

（2）产生原因：

1）板坯加热制度不合理或加热操作不当生成较厚且较致密的铁皮除鳞时难以除尽，轧制时被压入钢板表面上。

2）立辊除鳞机开口度设定不合理，铁皮未被挤松，高压水难以除尽。

3）由于高压除鳞水压力低、水嘴堵塞、水嘴角度安装不合理或操作不当等原因，使钢坯上的铁皮未除尽，轧制时被压入到钢板表面上。

4）氧化铁皮在沸腾钢中发生较多，含硅较高的钢中易产生红铁皮。

5）轧辊表面粗糙也是产生氧化铁皮的一个重要原因。

（3）预防及消除方法：

1）严格执行钢坯加热制度，合理控制各钢种的加热温度。

2）合理设定除鳞机立辊开口度。

3）检查除鳞水压力、水嘴安装角度及堵塞情况，合理使用除鳞水管，确保除鳞效果。

4）及时更换表面粗糙的轧辊。

（4）检查判断：

1）标准规定。钢板和钢带表面允许有不妨碍检查表面的薄层氧化铁皮、铁锈，由于氧化铁皮脱落所引起的不显著的粗糙等，但凹凸度不得超过钢板和钢带厚度的公差之半，对低合金钢板和钢带并应保证不超过钢板允许的最小厚度（GB/T 3274、GB 912）。

2）如钢板表面上存在一次氧化铁皮压入，超过标准规定应予以判废。

4.6.3 划伤（划痕）

（1）缺陷特征。钢板表面沟状或线条状缺陷，连续或断续地分布于钢板的局部或全长，如图4-26所示。带钢在高温区域划伤，伤口呈灰褐色或蓝色；在常温下划伤，伤口呈金属光泽或灰白色。

图4-26 划伤

（2）产生原因。多因轧钢区或精整区辊道、侧导板、护板等设备有尖角，钢板与其接触并滑动，造成划伤。

（3）预防及消除方法：检查和消除机械设备与钢板相接触处的尖角，消除划伤隐患。

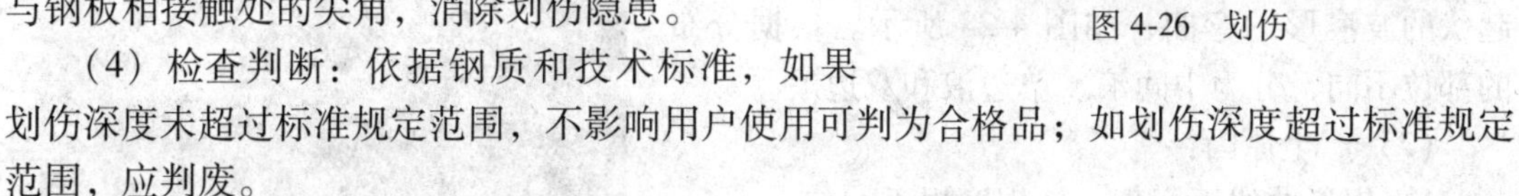

（4）检查判断：依据钢质和技术标准，如果划伤深度未超过标准规定范围，不影响用户使用可判为合格品；如划伤深度超过标准规定范围，应判废。

4.6.4 折叠（折印、折皱、折边、折角）

（1）缺陷特征。钢板局部性的折合称折叠，如图4-27所示。沿轧制方向的直线折叠称顺折；垂直于轧制方向的折叠称横折；边部折叠称折边；折叠与折印、折皱的区别主要在于缺陷的形状、程度不同，折边与折角顾名思义只是边与角之别；横折多发生在薄规格带钢中。

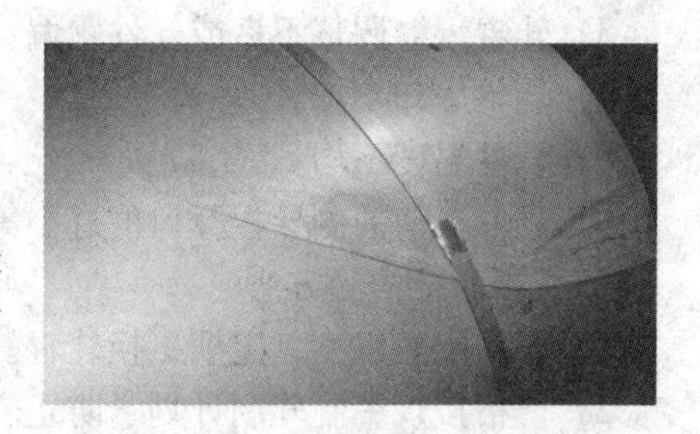

图4-27 折叠

（2）产生原因：

1）板坯清理深宽比不合，且不圆滑有棱角轧制时产生折叠。

2）板坯温度不均匀或精轧辊型配置不合理以及轧制负荷分配不合理等，轧制过程中因带钢变形不均匀，形成大波浪后被压合。

3）由于轧件严重刮伤以及由于粗轧来料有较大的镰刀弯，精轧轧制时对中不良等原因边部刮伤后再次轧制时被压合。

4）卷取机前的侧导板严重磨损出现沟槽，开口度过小，夹送辊辊缝呈楔形，易使带钢跑偏，在侧导板沟槽处的部位被夹送辊压入。

5）钢卷卷边错动或因钢卷松动，在吊运过程中下降落地时易产生折边或折角，特别是厚度较薄的钢卷更容易发生。

6）带钢开卷温度过高或开卷时张力及压紧辊的压力设定不合理，也会产生折叠。

7）在横切线钢板垛板时跑偏，也会造成钢板角部撞伤成折角。

（3）预防及消除方法：

1）加强对板坯的检查验收，对板坯清理深宽比不合的板坯不装炉轧制。

2）合理配置辊型，根据辊型和板形的具体情况，合理分配各道次的压下量。

3）严格执行各钢种的加热制度，确保钢坯加热均匀。

4）合理安排轧制单位，避免在辊型较差、辊温较低时轧制薄规格。

5）加强轧钢操作，防止轧件跑偏，严格控制好薄规格钢卷卷形。

6）经常检查有关设备的磨损情况，及时进行更换。

7）合理调整卷取温度，严格控制开卷温度。

（4）检查判断：

1）对未超过标准规定且不影响表面质量的轻微折印、折皱允许存在。

2）标准规定钢板和钢带不允许存在折叠，发现折叠缺陷应予以判废。

4.6.5　波浪

（1）缺陷特征。沿钢板的轧制方向呈现高低起伏的波浪形的弯曲，如图 4-28 所示。根据分布的部位不同，分为中间浪、单边浪和双边浪。

图 4-28　波浪

（2）产生原因：

1）辊形曲线不合理，轧辊磨损不均匀。

2）压下量分配不合理。

3）轧辊辊缝调整不良或轧件跑偏。

4）轧辊冷却不均。

5）轧件温度不均。

6）卷取机前的侧导板开口度过小等。

（3）预防及消除方法：

1）合理配置辊型，定期更换轧辊。

2）严格按规编制轧制计划，防止轧辊磨损不均匀。

3）合理调整轧辊辊缝，防止轧件跑偏。

4）调整轧辊冷却水，确保轧辊辊身冷却均匀。

5）钢坯温度加热均匀。

6）合理设定卷取机前侧导板开口度等。

（4）检查判断：按有关标准判定，波浪度不得超过标准规定允许值，如果超过并无法挽救应予以判废。

4.6.6 边裂

（1）缺陷特征。钢板边缘沿长度方向一侧或两侧出现破裂称边裂，如图4-29所示。严重者钢带边部全长成锯齿形。

图4-29 边裂

（2）产生原因：

1）钢坯边缘出现角裂、气泡被暴露。

2）轧件边部温度过低，轧制张力过大，辊型配置不合理，边部延伸不均匀。

3）定宽压力机侧压量过小。

4）由于钢坯的硫、铜含量较高，热脆性较大。

5）板坯边部加热温度偏高，造成边部局部脱碳。

（3）预防及消除方法：

1）加强板坯的检查验收，不合格板坯不装炉轧制。

2）根据钢种和化学成分，合理调整加热工艺。

3）尽量加大边部侧压量，合理设定轧制张力。

4）合理配置和调整辊型，尽量使轧件延伸均匀等。

（4）检查判断。标准规定，切边钢板和钢带的边缘不得有锯齿形凹凸；不切边钢板和钢带，因轧制而产生的边缘裂口及其他缺陷，其横向深度不得超过钢板和钢带宽度偏差之半，并且不得使钢板小于公称宽度；超过标准应判废。

4.6.7 塔形（卷边错动）

（1）缺陷特征。钢卷端部不齐，呈面包状称塔形，如图4-30所示。卷边上下错动称卷边错动。

图4-30 塔形

（2）产生原因：

1）卷取机前侧导板、夹送辊、助卷辊调整不当。

2）卷取机张力设定不合理。

3）带钢筋卷取机时不对中，带钢跑偏。

4）带钢存在较大的镰刀弯或板形不良。

5）卷取机卸卷时将钢卷头部曳出。

（3）预防及消除方法：

1）检查调整卷取机前侧导板、夹送辊、助卷辊，使其处于良好的运行状态，如磨损严重应及时更换。

2）合理调整卷取速度和张力。

3）严格按卷取规程操作。

4）加强板形控制，减少浪形和镰刀弯。

（4）检查判断。塔形不得超过有关标准规定，如超过标准规定，可在平整机组重卷尽量挽救。

4.6.8　松卷

（1）缺陷特征。钢卷未卷紧，层与层之间有间隙称松卷，如图 4-31 所示。

图 4-31　松卷

（2）产生原因：

1）卷取张力设定不合理。

2）带钢有严重浪形或因卷取机故障带钢在辊道上温度降低变形。

3）打捆机故障打捆不紧或吊运过程中断带。

4）卷取完毕后，因故卷筒反转等。

（3）预防及消除方法：

1）合理设定卷取张力。

2）加强对卷取机和打捆机的维护，减少故障，确保设备运行正常。

3）合理控制卷取温度。

4）选用较好质量的捆带。

（4）检查判断：按有关标准判定，可以采取平整机组重卷尽量挽救。

4.6.9　扁卷

（1）缺陷特征。钢卷端部呈椭圆形称扁卷，如图 4-32 所示。

图 4-32　扁卷

（2）产生原因：

1）容易发生在钢质较软和规格较薄的钢卷上。

2）钢卷在吊运过程中，承受了较大的冲击力。

3）钢卷卷得太紧，卷温较高，库内多层卧式堆放。

（3）预防及消除方法：

1）钢卷在吊运过程中要精心操作，防止相互碰撞。

2）库区堆放时应采取立式堆放。

（4）检查判断。按有关标准进行检查判定，钢卷内外径不得超过尺寸偏差允许范围。

4.6.10　镰刀弯

（1）缺陷特征。沿钢带长度方向上向一侧弯曲称镰刀弯。

（2）产生原因：

1）板坯存在镰刀弯或两侧厚度差较大。

2）两个工作辊不平行或两边压下量不一致。

3）板坯加热不均匀或轧件两侧温差较大。

4）侧导板开口度过大，轧件跑偏或不对中等。

（3）预防及消除方法：

1）严格执行板坯验收标准，加强板坯验收。

2）板坯加热温度均匀，减少轧件两侧温度差。

3）调整侧导板开口度，确保轧件对中，防止跑偏。

4）检查调整工作辊辊缝，确保轧件两侧变形一致。

（4）检查判断。按有关标准检查判定，镰刀弯不得超过标准规定允许值。

4.6.11 瓢曲

（1）缺陷特征。钢板的纵横方向同时出现在同一个方向上的翘曲，形如瓢状，故称瓢曲，如图4-33所示。

图 4-33 瓢曲

（2）产生原因：

1）轧件温度不均匀，轧制过程变形不均。

2）带钢喷水冷却不均匀。

3）终轧机压下率过小，板形控制系统设定不合理。

4）钢带在精整加工时，开卷温度过高，矫直压力设定不合理以及矫直辊、压力辊磨顺损严重等。

（3）预防及消除方法：

1）严格加热制度，确保轧件温度均匀。

2）检查除鳞水、机架间冷却水及层流冷却水情况，确保轧件冷却均匀。

3）合理调整压下率。

4）严格遵守精整加工工艺，加强设备维护，辊子磨损严重要及时更换。

（4）检查判断。严格按有关标准检查判定，瓢曲度不得超过标准允许值，但可以通过平整机组平整尽量挽救。

4.6.12 异物压入

（1）缺陷特征。钢带生产过程中，因外来异物压入到钢带表面，形成不规则的异物压入，如图4-34所示。

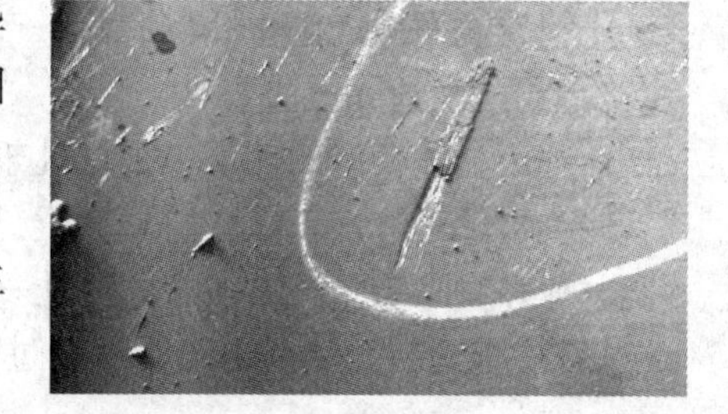

图 4-34 异物压入

（2）产生原因：

1）精整和轧制线侧导板与钢带遍布摩擦产生物飞进带钢表面被压入。

2）轧制线设备上异物落在钢带表面被压入。

（3）预防及消除方法：

1）加强轧制线和精整线侧导板内衬的检查，发现问题及时清理或更换。

2）紧固轧制线设备上的螺栓、螺帽等，防止其脱落到轧件上。

（4）检查判断。按有关标准判定，能切除者尽量切除，成卷交货者尽量带废交货。

4.6.13　裂纹（发纹、龟纹、网裂）

（1）缺陷特征。钢带表面沿轧制方向呈断断续续排列不同形状的细纹，有发纹状、龟纹状或网状裂纹状，统称裂纹，如图4-35所示。

图4-35　网裂

（2）产生原因：

1）板坯上原有的裂缝、针状气孔等缺陷未清理干净，轧制后残留在轧件表面上。

2）含铜钢因加热温度控制不当，易产生网裂。

3）因轧辊受热不均、冷却不当及疲劳破坏等，造成轧辊产生裂纹，轧制后在轧件表面上呈凸起的龟纹。

（3）预防及消除方法：

1）加强对板坯的检查验收，不使用裂纹超标的板坯。

2）合理制定各钢种的加热工艺，并认真贯彻执行。

3）加强对轧辊的检查，发现问题及时更换。

（4）检查判断：

1）钢板表面不允许有裂纹缺陷，发现后应予以判废。

2）如因轧辊裂纹造成的凸形龟纹可按标准判定，未超标者可以放行。

4.6.14　麻点

（1）缺陷特征。钢板表面出现不规则的局部的或连续的凸凹粗糙面称麻点，严重麻点呈橘子皮状，如图4-36所示。

图4-36　麻点

（2）产生原因：

1）轧辊材质差，表面磨损严重，轧制时钢材表面出现凸麻点。

2）轧辊温度比较高，氧化铁皮黏附在轧辊上，轧制时钢材表面出现凹麻点。

3）钢卷表面压入氧化铁皮脱落，产生凹麻点。

（3）预防及消除方法：

1）选用材质较好的轧辊，根据轧辊磨损情况，及时更换轧辊。

2）改善轧辊冷却条件，防止轧辊黏结氧化铁皮。

3）加强对除鳞系统的检查，防止一次氧化铁皮压入。

（4）检查判断。麻点缺陷不得超过有关标准规定范围，否则应判废。

4.6.15　结疤

（1）缺陷特征。轧制后钢板表面呈舌状、块状的金属片，有的与钢板本体相连，有的黏附在钢板表面与钢板本体没有连接，后者在轧制过程中容易脱落在钢板上形成凹坑，如

图 4-37 所示。

（2）产生原因：板坯表面结疤未清理干净，轧后残留在钢板表面上。

（3）预防及消除方法：加强板坯的清理和验收，火焰清理后应铲除掉板坯上的残渣。

（4）检查判断。钢板表面不允许存在结疤，存在结疤的钢板应判废。

图 4-37 结疤

4.6.16 分层

（1）缺陷特征。轧制后钢板横断面上呈现的明显的金属分离现象称为分层，缺陷处可见未愈合的缝隙，有时缝隙内还有肉眼可见的夹杂物。

（2）产生原因。板坯中存在的缩孔、气泡和气囊等，经轧制后未能焊合。

（3）预防及消除方法。严格炼钢工艺操作，减少钢中气体夹杂物，确保钢的纯洁度。

（4）检查判断。标准规定钢板不得有分层缺陷存在，发现分层缺陷应切除判废。

4.6.17 夹杂

（1）缺陷特征。夹杂可分为表面夹杂和内部夹杂，如图 4-38 所示。表面夹杂是指经轧制后在钢板破皮处有不规则的点状、块状或长条状的非金属夹杂物，其颜色一般呈棕红色、黄褐色、灰白色或灰黑色。内部夹杂是指经轧制后仍无法发现，需经用户使用加工（如再经过冷轧、冲压、切割等）才能发现，有时经切割后横断面呈分层，并带有非金属夹杂物。

图 4-38 夹杂

（2）产生原因：

1）板坯皮下夹杂轧后暴露，或板坯原有的表面夹杂轧后残留在钢板表面上。

2）加热炉耐火材料等非金属材料落在板坯表面上，轧制时压入钢材表面上。

3）开浇时操作不当，钢水过早地加入保护渣搅拌。

（3）预防及消除方法：

1）加强板坯表面的检查验收，表面有夹杂的板坯不装炉轧制。

2）装炉前板坯表面上的杂物要清扫干净。

3）加强炼钢工艺控制，提高钢的纯洁度。

（4）检查判断：

1）表面夹杂用肉眼检查。标准规定钢板表面不允许存在夹杂缺陷，发现此种缺陷，应予以判废。

2）内部夹杂只能作为质量异议处理，对用户进行经济赔偿。

4.6.18 气泡

（1）缺陷特征。轧制后钢板表面有无规律分布的圆形凸包，也有呈蚯蚓式的直线状，其外缘比较光滑内部有气体，如图 4-39 所示。当气泡轧破后呈现不规则的细裂纹；某些气泡不凸起，经平整后，表面光亮，剪切断面呈分层状。

（2）产生原因：

1）因板坯上原来就存在气泡气囊类缺陷，经多道次轧制仍未焊合，残留在钢板上。

2）钢坯在加热炉内加热时间长，气泡暴露。

（3）预防及消除方法：

1）加强对板坯的检查验收，气泡暴露的板坯不装炉轧制。

2）严格按规程加热板坯。

图 4-39　气泡

（4）检查判断。钢板不允许存在气泡缺陷，发现此种缺陷，应按标准规定予以判废。

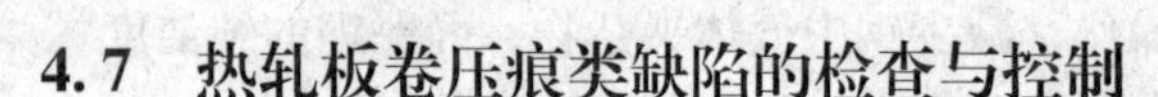

4.7　热轧板卷压痕类缺陷的检查与控制

4.7.1　压痕的定义、分类及形貌特征

压痕按照生成的过程可以分为轧制压痕和下线压痕。压痕从外表观察主要呈具有一定深度不规则分布凹坑状，如图 4-40 所示。

下线压痕是钢卷在精整、吊运、堆垛过程中与外物碰压造成带钢表面凹坑；在开卷过程中由于地辊表面粗糙或黏结异物等造成带钢表面凹坑。

钢卷在卷取过程中，助卷辊、托辊以及死辊等原因造成表面压痕。此类压痕缺陷主要表现在钢卷的外圈，内圈由于受到外圈的原因部分可能存在，但其程度一般会逐步减轻，一般情况切除外圈即可合格。

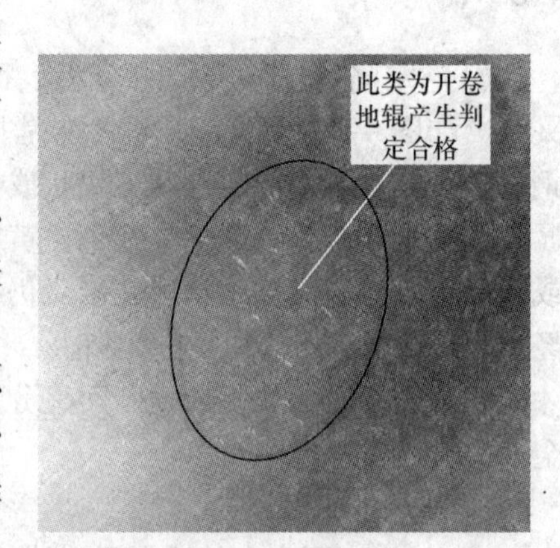

图 4-40　压痕

4.7.2　压痕产生的原因

4.7.2.1　轧制压痕

轧制压痕顾名思义是由于带钢在生产过程中由于轧制原因所产生的，俗称硌坑，是轧辊存在的凹陷变形或粘钢，常在热轧精轧辊或卷取、助卷辊、托辊上出现，如图 4-41 所示。

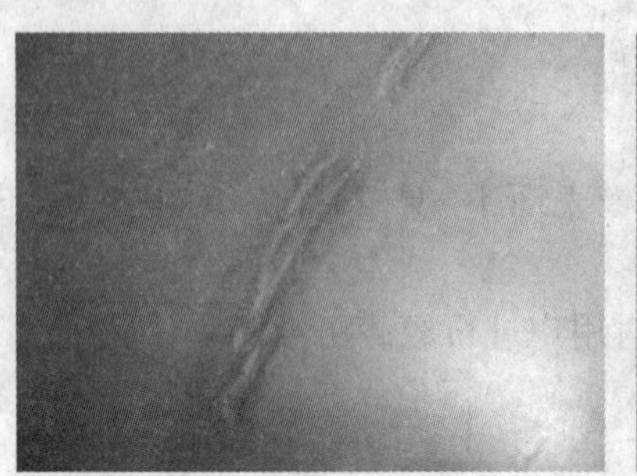

图 4-41　轧制压痕

造成压痕的原因多在轧制操作方面，带钢头部、尾部温度过低或氧化铁皮粘着等。

轧辊氧化膜破损严重在使用后期最易发生冷轧料氧化铁皮状压痕，带钢卷取时跟踪滞后、助卷辊或托辊使用后期等都容易使带钢产生轧制压痕。

轧制压痕最大的一个特点就是具有一定的周期性，即使很复杂的压痕形貌也是呈周期状分布的，可以根据压痕的间隔距离来判断具体是由哪个部位产生的。

4.7.2.2 下线压痕

下线钢卷在开卷检查过程中由于地辊粗糙、钢板硌伤后层与层之间摩擦形成的条状、雨点状或运输流通过程中异物碰撞在带钢尾部形成的深度不一的凹坑，称为下线压痕，如图 4-42 所示。下线压痕一般成雨点状、长条状、片状或其他形状分布于带钢表面。

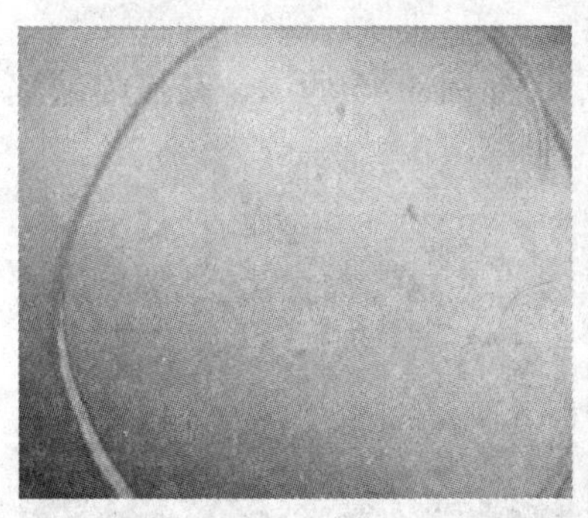

图 4-42 下线压痕

（1）由于在线开卷或地辊开卷时带钢内层和外层的错动或带钢中间有杂质引起的雨点状或细线状压痕。

由于这种压痕没有什么规律性，所以在判断时很容易引起误判，检验这种压痕的办法是先把捆带打开让钢卷的尾部两圈松开，然后用天车吊着开卷。地辊不能转动，地辊一转动这种压痕就会出现。

（2）由于在线地辊粘钢形成的开平带钢有周期为 1.2m 左右的条状压痕，如图 4-43 所示。

（3）钢卷下线后接触到比较硬的异物后给钢卷尾部造成的压痕缺陷。这种压痕缺陷没有规律的形状，一般开卷三圈后压痕消失，如图 4-44 和图 4-45 所示。

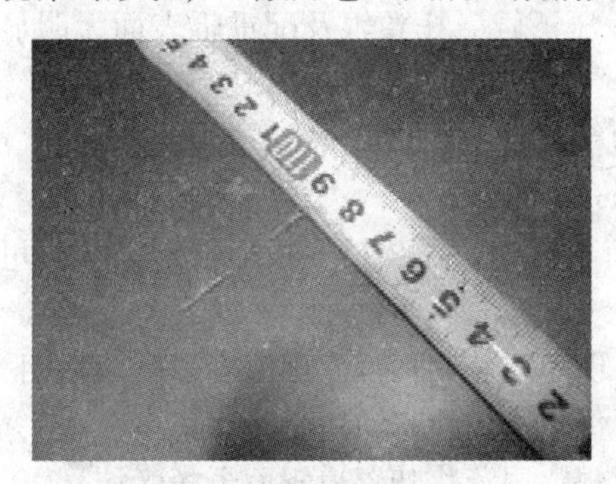

图 4-43 条状压痕

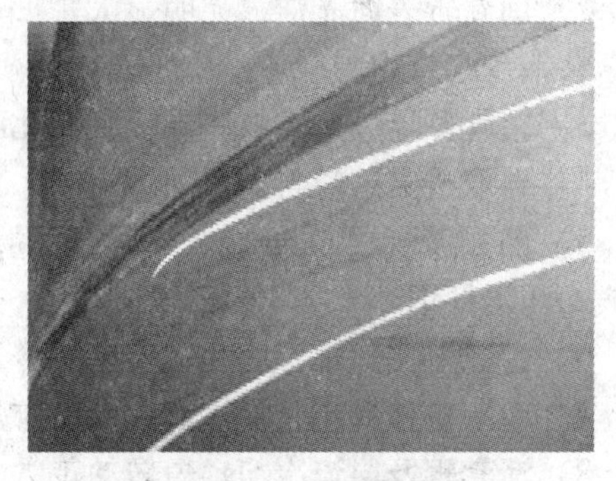

图 4-44 捆带压痕

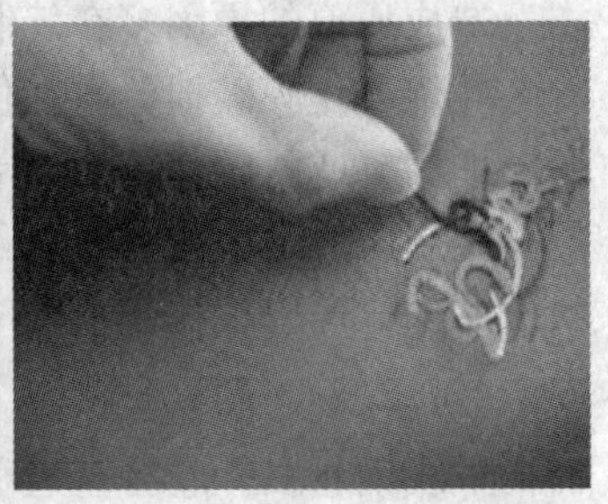

图 4-45 异物压入压痕

4.7.2.3 卷取机夹送辊造成的压痕

由卷取机夹送辊造成的压痕缺陷称为挂蜡，如图 4-46 所示，是压痕缺陷中一种特定的形貌。

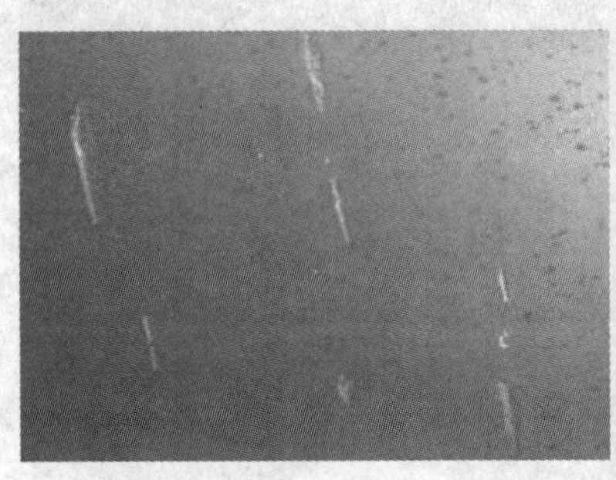

图 4-46 挂蜡

挂蜡产生原因是：由于带钢轧制过程中，带钢头部撞击卷取机，造成卷取机夹送辊表面黏结异物，使辊面局部呈凸起状，压入带钢表面形成不规则的凹坑。

4.7.3 减少压痕缺陷的措施

（1）轧制压痕避免措施如下：

1）卷取夹送辊辊面光洁，没有明显粘钢或凸出部分，用手触摸没有毛刺感，在轧制汽车板时与汽车板接触部分没有明显亮带。

2）助卷辊表面光洁，无明显大片凹坑粘钢，压下辊、托卷辊及配重辊表面无明显凹坑、粘钢及凸出物。

3）精轧侧导板及卷取侧导板表面无明显凹槽粘钢。

4）卷取机夹送辊与护板间隙控制 1.8~2.4mm 之间。

5）加强卷取跟踪准确性，来保证卷取机辊面不粘钢。加强精轧板形控制以预防甩尾造成的轧辊粘钢。

6）卷取机夹送辊、助卷辊合理的冷却水量，以免在轧制过程中因温度过高而粘钢。

7）卷取机鞍形座及步进梁表面没有焊渣及螺母之类的检修遗留物。

8）活套辊及层流冷却辊道转动正常，没有死辊。层流冷却辊道辊面干净光洁。

9）在线地辊及库内地辊、平整机组夹送辊，工作辊辊面无粘钢、毛刺。

10）卷取机夹送辊擦辊器在轧制卷取温度大于680℃的冷轧料及卷取温度较高的花纹板和硅钢时投入连续打磨方式（建议安装在线磨辊装置）。

（2）下线压痕避免措施如下：

1）钢卷下线后，在精整、吊运、堆垛过程中避免与外物碰压造成表面凹坑。

2）经常检查开卷地辊并形成定时检查地辊机制。

3）质检人员的工作能力和责任心是至关重要的，正确检查判定方法，及时的信息反馈与沟通，督促生产人员采取必要的措施，才能尽量避免大批的缺陷出现。

4.7.4 压痕检查判定方法

2160 轧制辊径及周长见表 4-3。

表 4-3 2160 轧制辊径及周长

（mm）

项目	R1 工作辊	R2 工作辊	F1~F3 工作辊	F4~F6 工作辊	助卷辊	上夹送辊	下夹送辊	开卷辊
直径	135~1200	120~1100	850~765	760~685	380	900	500	300
周长	423~3768	376~3454	266~2402	238~2151	1193	2826	1570	942

轧辊造成的压痕计算方法如下：

已知成品上缺陷周期为6363mm，成品厚度为3×1800mm。

（1）假设如果是由于 F5 上工作辊产生的辊印，轧制工艺 F5 的轧制厚度为 6×1800mm，根据体积不变定律：

$$L1 \cdot B1 \cdot H1 = L2 \cdot B2 \cdot H2$$

则 L1 = L2 · H2/H1 = 6363 · 3/6 = 3181.5，3181.5/3.14 = 1013mm，因此可以断定不可能为 F5 造成的辊印。

（2）假设如果是由于 F3 上工作辊产生的辊印，轧制工艺 F3 的轧制厚度为 10×1800mm，根据体积不变定律：

$$L1 \cdot B1 \cdot H1 = L2 \cdot B2 \cdot H2$$

则 L1 = L2 · H2/H1 = 6363 · 3/10 = 1908.9，1908.9/3.14 = 607mm，因此可以断定不可能为 F3 造成的辊印。

（3）假设如果是由于 F4 上工作辊产生的辊印，轧制工艺 F4 的轧制厚度为 8×1800mm，根据体积不变定律：

$$L1 \cdot B1 \cdot H1 = L2 \cdot B2 \cdot H2$$

则 L1 = L2 · H2/H1 = 6363 · 3/8 = 2386.125，2386.125/3.14 = 759.912 ≈ 760，因此可以推断为 F4 造成的辊印。

检查要求：在线开卷、外观重点检查，特别是在轧制薄规格、低碳品种时需格外关注，一旦发现首先与热轧人员共同确认是卷取机还是精轧轧辊造成的，并及时停机检查，避免造成批量质量事故。

目前测量压痕深度使用的工具是深度千分尺，检查判定标准主要依据 GB 912-2008

和 GB/T 3274-2008，如图 4-47 所示。钢板和钢带表面允许有深度和高度不大于公差厚度之半的折印、麻点、划伤、小拉痕、压痕以及氧化铁皮脱落后所造成的表面粗糙等局部缺陷。

图 4-47　压痕深度测量

4.7.5　结论

通过实际数据积累以及分析，热轧板卷压痕主要是在轧制过程以及带刚下线后因为与外物碰撞所产生，因此控制轧制过程以及尽量避免下线钢卷与外物碰撞是减少带钢压痕的主要措施，如能明确压痕产生的具体工序，对于现场的检查判定具有一定的指导意义。

4.8　热轧带钢断带事故的分析与处理

4.8.1　热轧带钢断带事故情景描述

某热连轧厂，粗轧半连续式模式，精轧六机架连轧，某日在轧制板坯钢种 Q235B，成品规格 2.3mm×1500mm 极限规格的带钢过程中，粗轧轧制正常，带钢头部在精轧机组顺利穿带，卷取机已成功卷取。

但当 F6 出口轧出大约 200m 时，精轧 F5 与 F6 之间操作侧突然起浪，操作工此时迅速调整 F5 调平值，增加操作侧辊缝，但带钢还是向传动侧跑偏，撞击传动侧导板，在 F5 与 F6 之间起套，操作工迅速拍 F5 快停，带钢断于 F5 与 F6 之间，但此时 F6 出口导卫严重堆钢，由于空间狭小处理困难，故处理时间长达 5h 之久。

加热要求：Q235B 的加热温度控制见表 4-4，加热时间 7~9min/cm，230mm 坯型加热时间为 180~270min。根据成品钢板厚度、宽度和开轧温度的设定要求及出钢节奏的快慢，各段温度在上述范围内适当做出灵活调整。

表 4-4、表 4-5 为加热制度及实际的执行情况。

表 4-4　加热制度

牌号	钢板厚度/mm	均热温度/℃	加热温度/℃	出钢钢坯温度/℃
Q235B/C	1.5~2.5	1230~1260	1260~1300	1210~1240
	2.5~19.0	1230~1260	1260~1300	1200~1230

表 4-5 板坯实际在炉时间及加热数据反馈

钢种	在炉时间/min	出炉温度/℃	RT2 目标温度/℃	RT2 平均温度/℃
Q235B	199	1232	1060	1047
Q235B	200	1221	1060	1057
Q235B	202	1222	1060	1046
Q235B①	205	1216	1060	1042

注：①废钢板坯。

粗轧轧制情况：两块钢的中间坯温度曲线比较接近，镰刀弯也大多在 15mm 以内，如图 4-48 所示。

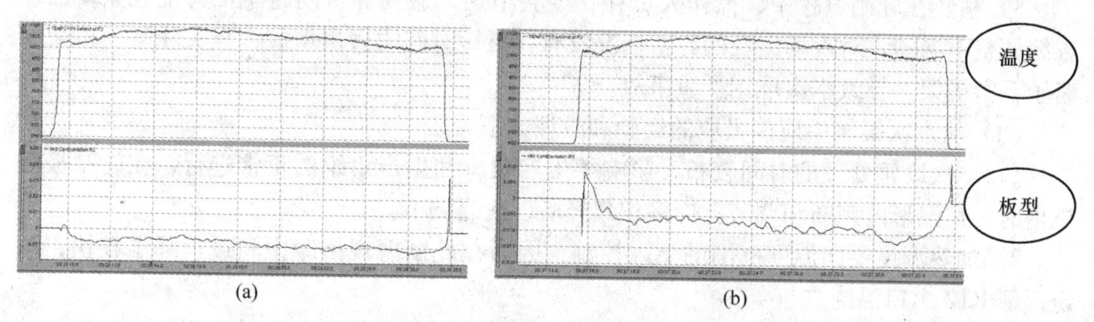

图 4-48 成功轧制及轧废经 R2 后中间坯温度及板形

（a）成功轧制；（b）轧废带钢

精轧轧制情况：带钢在进精轧机组轧制的初始阶段，带钢中心线偏向操作侧 50mm，但从 F4 开始发现传动侧起浪，进行调节抬高传动侧辊缝 0.18，以减小传动侧波浪，但是调整量过大，导致带钢向传动侧偏移的量非常大，直到带钢边部与传动侧侧导板相接触。

由于带钢过多地向传动侧偏移，操作人员又进行调节，以减小传动侧的辊缝，从而减轻浪形，但是由于浪形过大，带钢又与侧导板相摩擦产生较大的阻力，在 F4 传动侧产生叠轧，在对 F4 进行辊缝调节的近 10s 内，F5、F6 也进行了辊缝调节，但调节都是晚于 F4 的调节，导致在 F5、F6 堆钢严重。

4.8.2 需要解决的问题

需要解决的问题如下：

（1）加热的目的是什么，板坯在加热过程中常见的缺陷有哪些？

（2）从本案例中，简要分析本块废钢在加热过程中是否合理，给出原因。

（3）简要分析本块带钢在轧制过程中存在的问题，给出原因。

（4）从本次案例中应该吸取什么经验和教训？

（5）轧制薄规格带钢的难点是什么，应该从哪方面注意什么？

4.8.3 分析及判断

（1）加热目的：提高金属塑性，降低金属变形抗力，改善金属内部组织和性能。

加热缺陷：过热和过烧，氧化，脱碳，粘钢和加热不均。

（2）分析本块废钢在加热过程中是否合理。从表5-2中可以看出板坯加热应该是基本合理的；因为板坯在炉时间为205min，出钢温度为1216℃，在炉时间和出钢温度都在要求范围之内。

（3）分析本块带钢在轧制过程中存在的问题如下：

1）本块带钢在炉时间及出钢温度没有问题，但是RT2出口温度都低于目标温度18℃；轧制轧制薄规格时中间降温较快，为了保稳定，一般需适当提高出钢温度（上限控制），同时RT2也必须按上限控制。

2）从粗轧情况看，两块钢的中间坯温度曲线比较接近，镰刀弯也大都在15mm以内；但建议还是尽量保证中间坯板形的稳定性。

3）精轧在轧制过程中，操作人员存在经验不足，遇到异常问题手忙脚乱现象；出现辊缝调整不当的，对现场出现的异常情况没有在最短时间内做出反应，只关注某一机架忽略了下游机架，导致本次堆钢严重事故。

（4）从本次案例中应该吸取的经验和教训如下：

1）本次废钢处理的时间较长，影响了生产效率和生产组织的正常进行，在轧制极限规格时，在浪形的判断和调节上应多积累经验，适当调节。

2）加热温度要向温度范围的上限控制，因为在轧制薄规格时中间过程降温较快，一定保证RT2出口温度。

3）制定此类问题的处理预案，分工要明确，并且组织相关专业尽快到场，以尽量缩短处理时间，降低故障停机所造成的影响。

（5）轧制薄规格带钢的难点如下：

1）轧制薄规格的带钢时，轧制力不稳定，过大或过小都会影响带钢的最终规格。

2）薄规格带钢的头尾变形不均，易出现头尾轧滥和甩尾等事故。

3）轧辊的热变形大，使带钢最终的厚度不均，达不到尺寸要求。

4）薄规格带钢在轧制过程中头尾温降快，使轧制不稳定。

还需注意以下事项：

1）当厚规格向薄规格过渡时，应该首先保证薄规格的工艺温度，适当延长薄规格板坯在均热段的时间，在保证板坯温度均匀性，同时计划过渡合理。

2）轧制薄规格前的换辊，精轧换辊人员仔细检查工作辊冷却水、侧导板、擦辊器，以及工艺水喷嘴，防止出现漏水现象；

3）如果轧制过程中板坯在粗轧区出现扣翘头或在精轧区轧机共振，调试人员根据具体情况及时调整工艺参数，总结有效的操作方法，避免或减少产生甩尾现象，为生产做好准备。

4）甩尾后要求操作人员及时查看表面监测仪的检测结果，如果引起带钢表面严重的辊印，必须要抽辊检查。

4.9 热轧带钢轧辊破坏原因分析

轧辊包括工作辊和支撑辊，是轧机的关键零件之一，装在轧机牌坊窗口当中。在热轧带钢生产中，轧辊的消耗量很大，尤其是工作辊，它始终与红热钢坯直接接触。

因此，找出轧辊的损坏原因并做出相应的解决措施，提高轧辊寿命，降低辊耗，是轧机制造商和用户都十分关注的问题。在实际生产过程中，轧辊的破坏形式主要有轧辊磨损、轧辊裂纹、轧辊剥落及轧辊断裂等。

4.9.1 轧辊磨损

轧辊磨损与其他磨损在形成机理上相同。从摩擦学角度来讲，可理解为轧辊宏观和微观尺寸的变化。一般讨论的轧辊磨损，包括宏观磨损和微观磨损，具体表现为轧辊直径的缩小。

然而，轧辊磨损在几何和物理条件上与一般磨损又有差别，如轧辊上的某点与轧件周期性接触、轧件上的氧化铁皮作为磨粒进入辊缝、冷却液和润滑液的作用以及热的影响等。

因此，在实际工作条件下轧辊磨损的因素很复杂，根据其产生的原因可分为以下几种：

（1）机械磨损或摩擦磨损。工作辊与轧件及支撑辊表面相互作用引起的摩擦形成的磨损。

（2）化学磨损。辊面与周围其他介质相互作用，造成表面膜的形成与破坏的结果。

（3）热磨损。在工作状态下，轧辊因高温作用其表面层温度剧烈变化引起的磨损。

4.9.1.1 工作辊磨损

工作辊磨损主要是由工作辊与轧件及工作辊与支撑辊之间的相互摩擦引起的，这种摩擦包括滑动摩擦和滚动摩擦，其磨损主要发生在与轧件相接触的部位。

在生产过程中，由于带钢在轧机间形成活套，以致增大了带钢对上辊的包角，增加了接触面积的压力；带钢上表面再生氧化铁皮的滞留也增加了上辊的磨损，因此，上辊比下辊的磨损量大。由于传动端与电机连接，因振动之故，传动侧的磨损量比换辊侧的大。

4.9.1.2 支撑辊磨损

支撑辊磨损主要是由与工作辊的相对滑动和滚动造成的。工作辊表面的碳化物颗粒将支撑辊表面的金属微粒磨削下来，使支撑辊产生磨损。其磨损量的大小与轧辊的材质、表面硬度及粗糙度、辊间压力横向分布、相对滑动量和滚动距离等因素有关。

实践证明，由于夹带大量氧化铁皮的冷却水作用在辊面，致使下支撑辊工况条件差，从而加速了轧辊的磨损。另外，支撑辊的磨损也与上下支撑辊的辊面硬度有关。

4.9.2 轧辊裂纹

由于多次温度循环产生的热应力造成轧辊逐渐破裂，即裂纹，它是发生在轧辊表面薄层的一种微表面现象，如图4-49所示。

图4-49 轧辊裂纹

轧制时，轧辊受冷热交替变化剧烈，从而在轧辊表面产生严重应变，逐渐产生热疲劳裂纹。这种裂纹是由热循环应力、拉应力及塑性应变等多种因素形成的，其中，塑性应变使裂纹出现，拉应力使其扩展。

4.9.3 轧辊剥落

轧辊剥落通常是由显微裂纹引起的轧辊破坏，热轧带钢的支撑辊和工作辊由于力学因素、工作条件及服役周期不同，其剥落方式及轻重也不同。

4.9.3.1 工作辊剥落

热轧工作辊剥落是由接触疲劳造成的，生产中出现的剥落多数为辊面裂纹所致。

工作辊与支撑辊接触，产生接触应力及相应的交变剪应力，通常工作辊服役约 8h 就下机进行磨削，因此不易产生疲劳裂纹。

由于支撑辊与工作辊接触宽度不足 20mm，即使在冷却水的作用下，支撑辊也无明显的温差，工作辊则不然。当工作辊与高温带钢接触时，其辊面温度可升高到 500~600℃；当其接触到冷却水时，工作辊的温度又迅速降到 100~150℃以下。

这种周期性的加热和冷却使工作辊辊面产生了变化的温度场，因而产生了明显的周期应力，当热应力超过材料的疲劳极限时，轧辊表面便产生细小的网状热裂纹，即龟裂。

另外，在轧制过程中，当带钢出现甩尾、叠轧时，轧件将划伤轧辊，这样就形成了新的裂纹源。轧辊表面的龟裂、表层裂纹等，在工作应力、残余应力和冷却作用下引起的氧化，使裂纹尖端的应力急剧增加并超过材料的允许应力而向轧辊内部扩展。当裂纹发展成与辊面呈一定的角度甚至沿着辊面平行的方向扩展时，就造成了剥落。

4.9.3.2 支撑辊剥落

支撑辊剥落主要是由距辊面一定深度的交变剪切应力造成的，其剥落部位主要发生在支撑辊两端。

支撑辊由于服役周期较长，普遍存在磨损量大、磨损严重且不均匀等现象。由于支撑辊的中间磨损量大，两端磨损量小，所以辊身两端产生局部的接触应力尖峰，造成两端交变剪应力的增大，因而加快了疲劳破坏。

同时辊身中部的剪应力点，在轧辊磨损的推动作用下，逐渐向辊身内部移动至少 0.5mm，不易形成疲劳裂纹；而轧辊边部的最大剪应力点，由于该边部磨损较少，基本保持不变，故其在交变应力的反复作用下，局部材料弱化，出现裂纹。

在轧制过程中，辊面以下为接触疲劳引起的裂纹源，由于尖端存在应力集中现象，因而自尖端开始沿辊面垂直方向向辊面扩展，或与辊面成小角度以至呈平行的方向扩展，两者相互作用，随着裂纹扩展，最终造成剥落。

4.9.4 轧辊断裂

轧辊断裂的因素很多，其中包括本身的因素，即辊身内部存在大量裂纹及轧辊组织缺陷和轧辊的铸造缺陷。在生产过程中，如辊身内部存在大量裂纹，则该裂纹尖端产生应力集中而快速扩展并连接形成一个较大的裂纹，这种裂纹在交变应力的作用下，由内向外逐渐扩大，当裂纹扩大到一定程度时就会发生断裂；轧辊组织缺陷和轧辊的铸造缺陷也都会造成断辊。

轧辊设计所受的局限性及设计的不合理也会造成轧辊断裂，由此引起的断裂主要发生在轧辊的辊颈或辊颈与辊身的过渡处。辊颈直径受轧辊轴承径向尺寸的影响，辊颈直径比辊身直径小得多；在辊颈与辊身的连接处，由于直径突然变化，导致当轧辊受载时产生明显的应力集中现象，如图4-50所示。

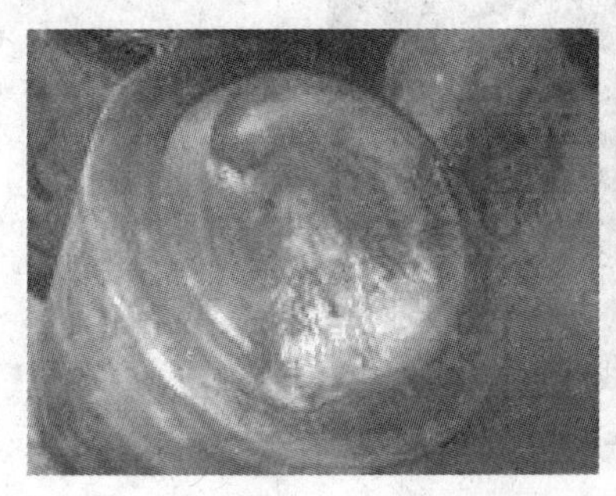

图4-50 轧辊的断裂

在轧制过程中，过大的轧制力会使工作辊辊颈从根部和辊颈受力处断裂。因此，在工作辊设计过程中，应尽量加大轧辊的辊颈直径及辊颈和辊身的过渡圆角，同时，一定要校核工作辊辊颈所能承受的扭转力矩。

4.9.5 提高轧辊使用寿命的相应措施

提高轧辊使用寿命的措施有：

（1）热轧辊长期在700~800℃环境中工作，与热钢坯直接接触，承受强大的轧制力，同时表面还要承受轧材的强力磨损，且反复被热轧材加热和冷却水冷却，经受温度变化较大的热疲劳作用。因此，要求热辊轧材具有淬透性高、热膨胀系数低、热传导能力高和高温屈服强度高及抗氧化性高等特点。

（2）出现裂纹的轧辊应及时更换进行磨削，保证其适度的磨削量，以消除残余裂纹。

（3）合理的轧辊辊型配置，均匀辊间接触应力，保持适量均匀的磨损，利用磨损的推动作用以有效消除轧辊剥落。

（4）为减小或者消除内应力，工作辊在使用一个周期后要进行一次消除应力退火，或将磨削后的轧辊浸入具有一定温度的油剂中保存。

（5）从轧制工艺方面出发，要确保冷却水的正常投入，在使用过程中必须加强对轧辊冷却喷嘴的管理，保证喷嘴和过滤网不堵塞，水量足够，确保轧辊的温度控制在正常范围之内。

在热轧带钢生产中还可应用轧制润滑技术，实践证明，轧制润滑可以减少轧辊的磨损，降低轧制力及轧制扭矩，缓解轧辊的热疲劳，改善轧制时的应力状态；应用在线磨辊技术和工作辊横移以降低轧辊磨损，延长带钢的轧制公里数，减少换辊次数。

轧辊的破坏是由多种因素相互作用和相互影响引起的，它的损坏形式多种多样。虽然在实际工作中轧辊破损还不能完全避免，但可以针对具体的损坏形式，提出相应的解决办法；还可根据轧辊的使用环境来考虑轧辊的选材，保证轧辊可以经受温度变化较大的热疲劳作用；也可以通过合理安排换辊周期、合理布置冷却水和轧制润滑等工艺手段及应用在线磨辊技术减少轧辊的磨损，如图4-51所示。

图 4-51 在线磨辊技术

4.10 热轧带钢产品的板形控制

4.10.1 板形的定义

板形（shape）指板材的形状，具体指板带材横截面的几何形状和在自然状态下的表观平坦度。板形可以用来表征板带材中波浪形或瓢曲是否存在、大小及位置。

板形是描述板带材形状的一个综合性的概念，主要包括板凸度和平直度两个基本概念。

板凸度是指板带材沿宽度方向横截面的中部与边部的厚度差，也称为横向厚差。该厚度差取决于板带材轧后的断面形状或轧制时的实际辊缝形状。板凸度有正凸度和负凸度之分，如图 4-52 所示。

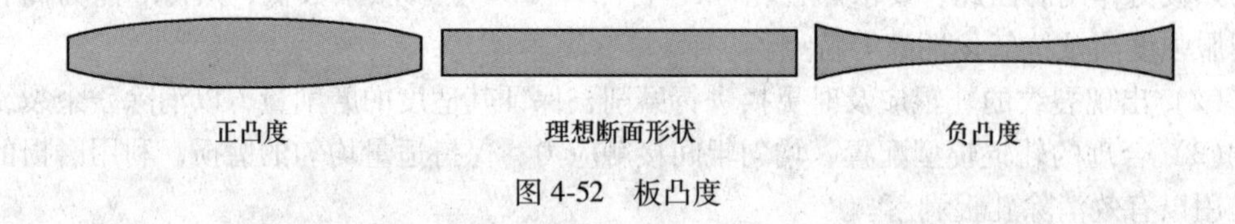

图 4-52 板凸度

从用户的角度，厚差是零最好；从轧制稳定的角度，应该有一定量的“中厚量”，异常的厚差存在将导致板形出现问题。

平直度是指板带材的翘曲度，有无浪形、瓢曲等及其程度。其实质是板带材内部残余应力的分布，只要板带材内部存在残余应力，即为板形不良。如残余应力不足以引起板带翘曲，称为“潜在”的板形不良；如残余应力引起板带失稳，产生翘曲，则称为“表观”的板形不良。理想板形表现为内应力沿带钢宽度方向上均匀分布，如图 4-53 所示。

浪形和瓢曲缺陷有多种表现形式，如图 4-54 所示。

在来料板形良好的条件下，板形取决于伸长率沿宽度方向是否相等，即压缩率是否相同。

若边部伸长率大，则产生边浪；中部伸长率大，则产生中部浪形或瓢曲；一边比另一边伸长率大，则产生镰刀弯。

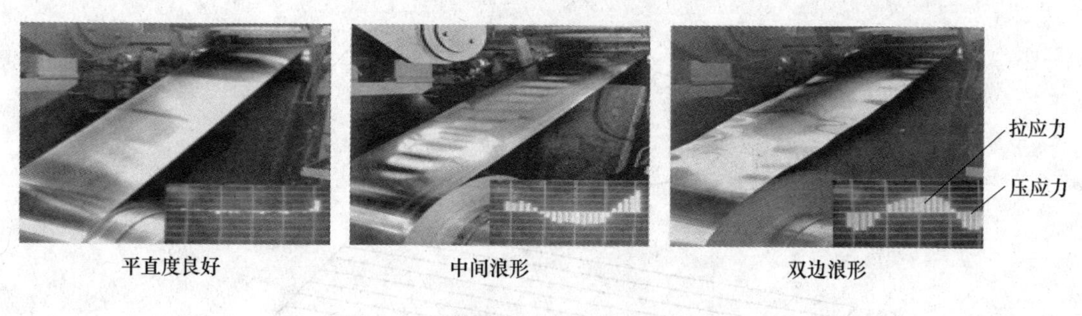

图 4-53 平直度

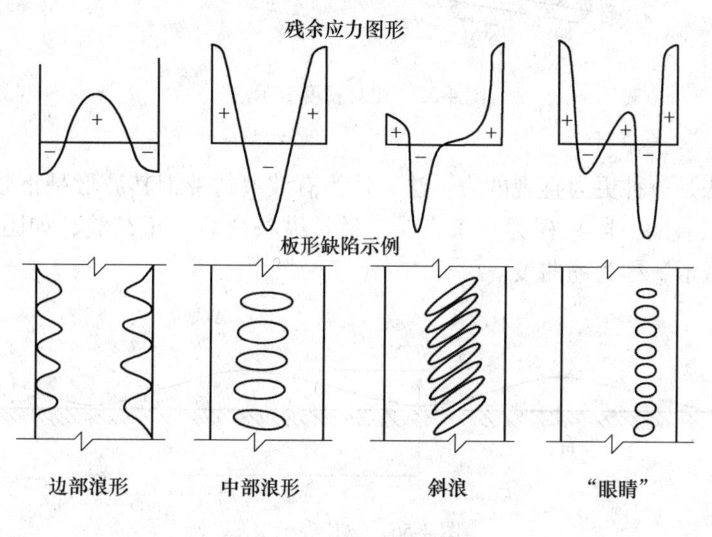

图 4-54 浪形和瓢曲缺陷

4.10.2 板形的表示方法

4.10.2.1 相对长度表示法

将需测量的钢板沿横向裁成均匀的细条并平铺，可以看到各细条的长度不同，用其中某一条与设定的基准条的相对长度差就可以表示该处的板形的状况，如图 4-55 所示。

$$\rho = \frac{\Delta l}{L} \tag{4-1}$$

式中 Δl——其他点与基准点长度差；

L——基准点长度。

$$\text{I-Unit} = \left(\frac{\Delta l}{L}\right) \times 10^{-5} \tag{4-2}$$

I-Unit：称为 1 个“I”单位。I-Unit 可以解释为：在测量中任意窄条与基准窄条的板形差如果为 0.001%，那么就是一个 I-Unit，既十万分之一。

也可以这样理解：1000mm 长的钢带（测量中间的长度）经轧制后展开边部长度变为 1000.01mm，那么边部与中心的板形差为（1000.01−1000）/1000，即 1 个 I-Unit。

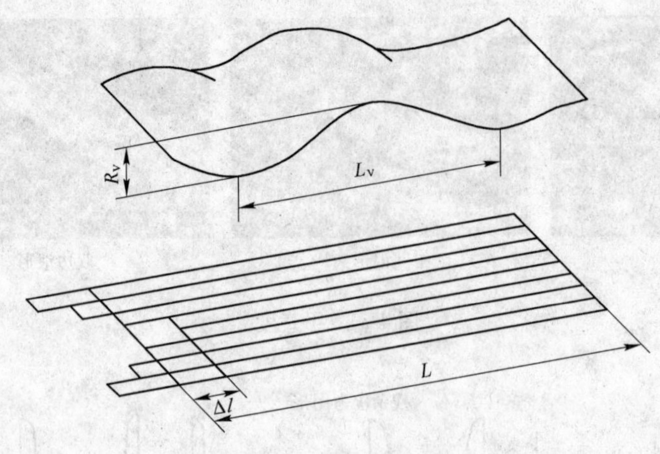

图 4-55　相对长度表示法

4.10.2.2　波长表示法

波长表示法是一种更为直观的表示法，认为有波浪的带钢其波形是正弦波，将其最短纵条（也就是平直的一段）视为一条直线，最长纵条视为一正弦波，如图 4-56 所示。以翘曲波形表示板形，称为翘曲度。

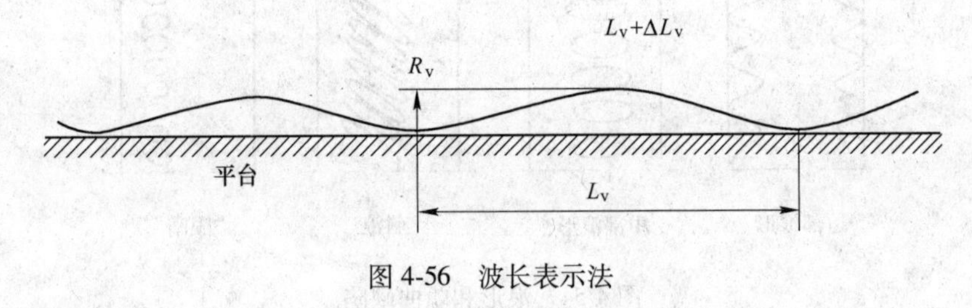

图 4-56　波长表示法

翘曲度通常以百分比表示：

$$\lambda = \frac{R_v}{L_v} \times 100\% \tag{4-3}$$

式中　λ—— 翘曲度；

R_v——波幅；

L_v—— 波长。

翘曲度与相对长度差之间的关系为：

$$\frac{\Delta l}{L} = \left(\frac{\pi^2}{4}\right)\lambda^2 \tag{4-4}$$

4.10.2.3　板凸度表示法

板凸度表示法是一种表示板带材横截面形状的表示法，它是用截面中间的高度与距边部一定距离的截面高度差表示板凸度的大小，如图 4-57 所示。

$$C_h = h_c - h_{e1} \tag{4-5}$$

式中　C_h ——板凸度；

h_c ——板中间厚度；

h_{e1} ——距板边一定距离的板厚度。

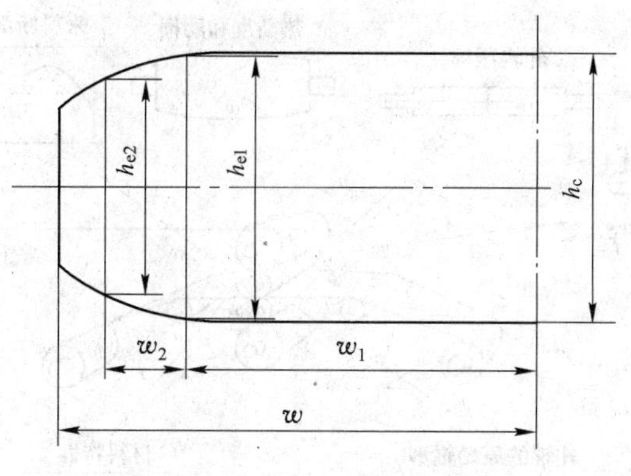

图 4-57 板凸度表示法

4.10.3 板形缺陷的种类及产生的原因

4.10.3.1 常见的板形缺陷

常见的板形缺陷有纵弯、横弯、镰刀弯、瓢曲、边浪、中浪、1/4 浪、斜浪等，这些缺陷有些是对称的，有些是不对称的，如图 4-58 所示。

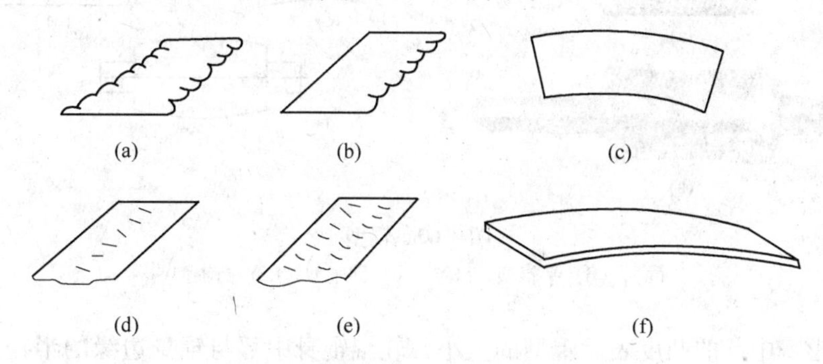

图 4-58 常见的板形缺陷

（a）双边波浪；（b）单边波浪；（c）侧弯；（d）中间波浪；（e）双侧波浪（二类浪）；（f）向下翘曲

板形缺陷产生的主要原因是：钢板沿宽度方向各部位延伸的不均匀造成的，浪形缺陷的存在与轧制时的辊缝有直接的关系。

4.10.3.2 影响板形的因素

板带钢的横向厚差和板形主要取决于轧制时实际辊缝的形状，分析影响辊缝的主要因素对获得理想的板形十分重要，可依据影响因素采取措施。除了来料的原始板形外，凡是影响辊缝的所有工艺参数如力学参数、热力学参数及几何参数等都会对板形产生影响，如图 4-59 所示。

4.10.3.3 辊型与辊缝对板形的影响

辊型是指轧辊辊身表面的轮廓形状，如图 4-60 所示。原始辊型是指刚磨削好的辊型；工作辊型是指轧辊在受力和受热轧制时的辊型，又称承（负）载辊型。

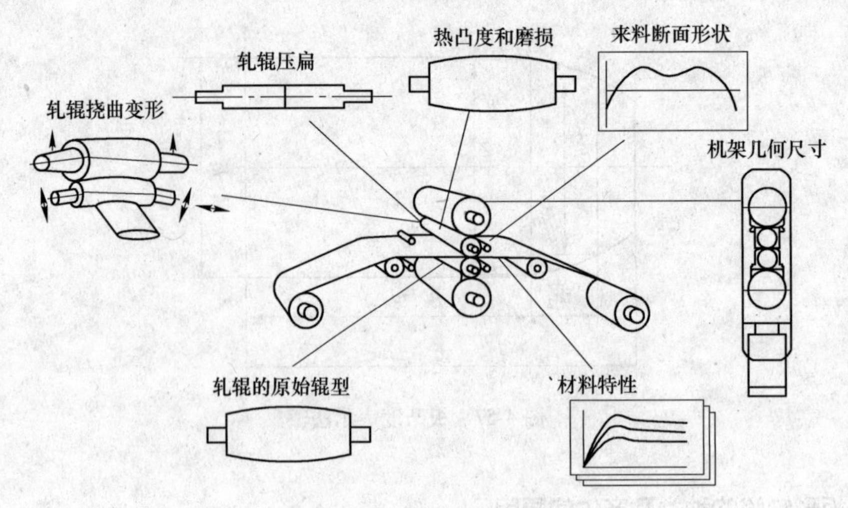

图 4-59　影响板形的因素

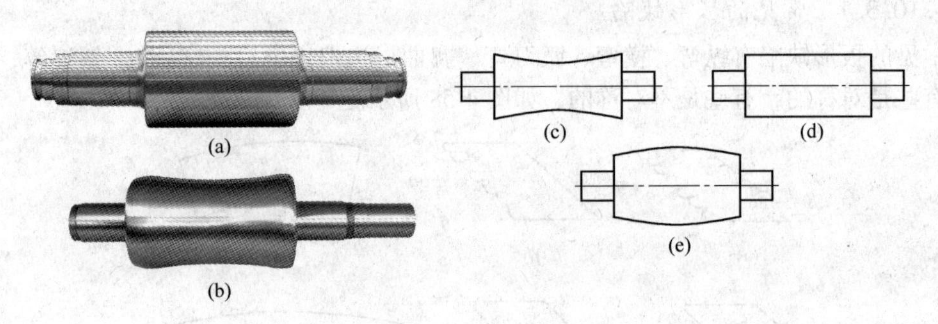

图 4-60　辊型

(a)，(d) 平辊型；(b)，(c) 凹辊型；(e) 凸辊型

通常用辊身中部的凸度表示辊型的大小，轧辊辊身中部与辊身边缘的半径差称为辊型凸度最大值；其大小由轧辊的弹性变形（弯曲挠度、压扁）和不均匀热膨胀决定。

上下两个轧辊都是平辊型，则原始辊缝是平的；如果上下两个工作辊都同为凸辊型，对应的原始辊缝形状就呈凹形的，此时轧件横断面的形状就是凹形；反之，若工作辊型都为凹辊型，则轧件横断面呈凸形，如图 4-61 所示。

因此，除了来料的横断面形状以外，板形主要取决于工作辊缝的形状。

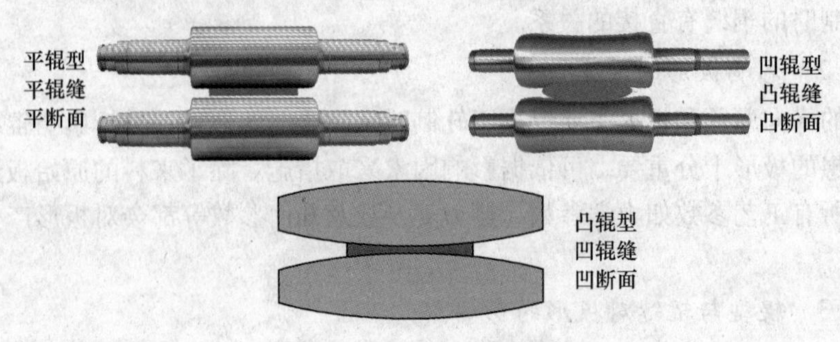

图 4-61　工作辊缝的形状

4.10.3.4 板形控制的基本原理

设轧制前板带边缘的厚度为 h_1，轧前板凸量（或厚度差）为 c_1，轧后板凸量（或厚度差）为 c_2，所以轧前中间的厚度为 h_1+c_1，轧制后板带横断面上的边缘厚度和中间厚度分别为 h_2 和 h_2+c_2，如图 4-62 所示。

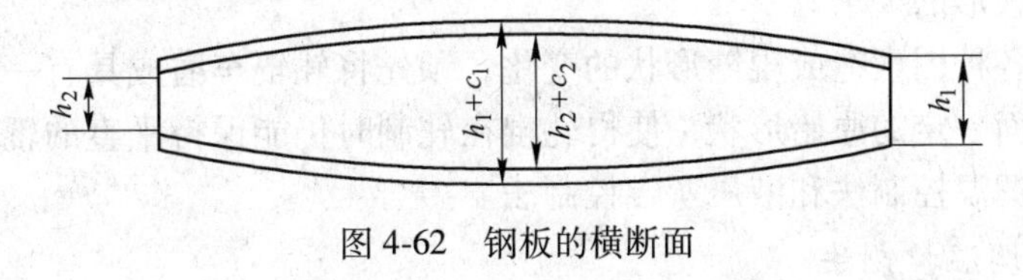

图 4-62 钢板的横断面

为使板形良好，坯料横断面必须均匀变形，即板带材边缘和中部的伸长率 λ 应相等。

$$\frac{c_1}{h_1}=\frac{c_2}{h_2} \quad 或 \quad \lambda=\frac{c_1}{c_2}=\frac{h_1}{h_2} \tag{4-6}$$

式（4-6）称为理想的板形方程，即要得到理想的板形，必须使轧制前的原始凸度率等于轧制后的凸度率。

基于上述基本公式，有如下描述：

（1）如果在轧制前就有凸度的原料经过轧制后不可能同时得到理想的凸度和平直度。

（2）横向的厚度差只能在轧制的过程中与压缩比成比例减少，而不能完全消除。

（3）要满足均匀变形的条件，保证成品板形良好，就必须使板带轧制前的厚度差 c_1 和轧制后的厚度差 c_2 的比值与伸长率 λ 相等。

（4）使轧制前的板凸度 c_1/h_1 等于轧制后的板凸度 c_2/h_2。

4.10.4 传统的板形控制方法

在不考虑轧件弹性恢复时，可以认为轧后板带的断面形状是和轧辊的工作辊缝（即承载辊缝）的形状相同。而在实际的轧制过程中，工作辊的辊缝形状取决于以下诸多因素的综合影响，见表 4-6。

表 4-6 影响工作辊辊缝形状的因素

序号	影响因素	来 源
1	轧辊原始辊型	辊型设计、磨辊
2	轧辊热凸度	轧制时的冷却与润滑、轧制品种、轧制制度
3	轧辊磨损辊型	轧制时的润滑、轧制品种、轧制制度
4	轧辊受轧制力的弹性弯曲	轧制压力、轧制时的润滑、板宽的变化
5	轧辊的弹性压扁	轧制压力、轧制时的润滑
6	板带轧制前的板凸度	热轧带钢

如果在轧制时上述各个影响因素都是稳定的，则通过合理的轧辊原始辊型设计，就可获得良好的板形。但是，在轧制过程中各因素是在不断变化的，需要随时补偿这些变化因素对轧辊工作辊缝的影响，以便获得良好的板形。

传统板形控制的基本原则是：按照轧制过程中的实际情况，随时改变辊缝凸度，使其能满足获得良好板形的要求。

除了为补偿各种因素造成辊缝形状的变化，预先将轧辊车磨成具有一定原始凸度或凹度，赋予轧辊辊面一定的原始形状，使得轧辊在轧制时仍能保持平直的辊缝外，传统的板形控制方法还有调温控制法和液压弯辊控制法。

4.10.4.1 调温控制法

调温控制法是指人为地对轧辊的某些部分进行冷却或加热，改变轧辊辊身温度沿轴向的分布，以达到控制辊型的目的，如图 4-63 所示。

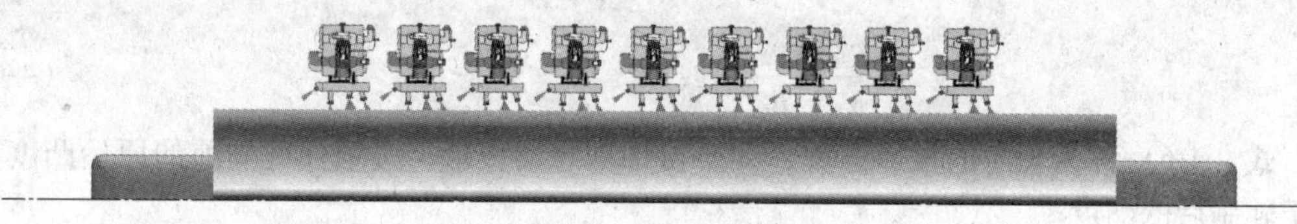

图 4-63 调温控制法

控制手段是对沿辊身长度方向的冷却液流量进行分段控制，这种控制方法见效比较慢(原因是轧辊的热容量比较大)，难以满足高速轧制的需要，只能作为一种其他板形控制的辅助手段。

4.10.4.2 液压弯辊控制法

液压弯辊控制法是利用液压缸施加在轧辊辊颈处的压力使轧辊辊身产生一个人为的附加弯曲，以补偿由于轧制力和轧辊温度等因素的变化而产生的工作辊辊缝形状的变化，获得良好的板形。

特点：由于液压弯辊控制法能迅速改变辊缝形状，具有较强的板形控制能力，是板形控制有效的方法之一，很多新型的轧机（如 HC 轧机）也都有液压弯辊装置。

根据液压弯辊的对象和施加弯辊力的部位不同，通常可分为弯曲工作辊和弯曲支撑辊，每种弯曲又分正弯和负弯。

A 弯曲工作辊

采用弯曲工作辊时，液压弯辊力通过工作辊轴承座传递到工作辊辊颈上，使工作辊沿轴向发生附加弯曲，如图 4-64 所示。弯辊力 F_1 与轧制压力 P 的方向相同，称为正弯工作辊。

作用：相当于增加工作辊的正凸度，加强凹辊缝，起到减轻或消除双边波浪的作用。

问题：只能向一个方向弯曲工作辊，受工作辊辊身长度和直径的影响，有时单纯用正弯显得调整能力不足。

另外，液压缸装在工作辊轴承座内，或利用平衡上工作辊的液压缸，在更换工作辊时拆开高压管路接头很不方便。

在工作辊轴承座与支撑辊承座之间安装液压缸，对工作辊轴承座施加一个与轧制压力

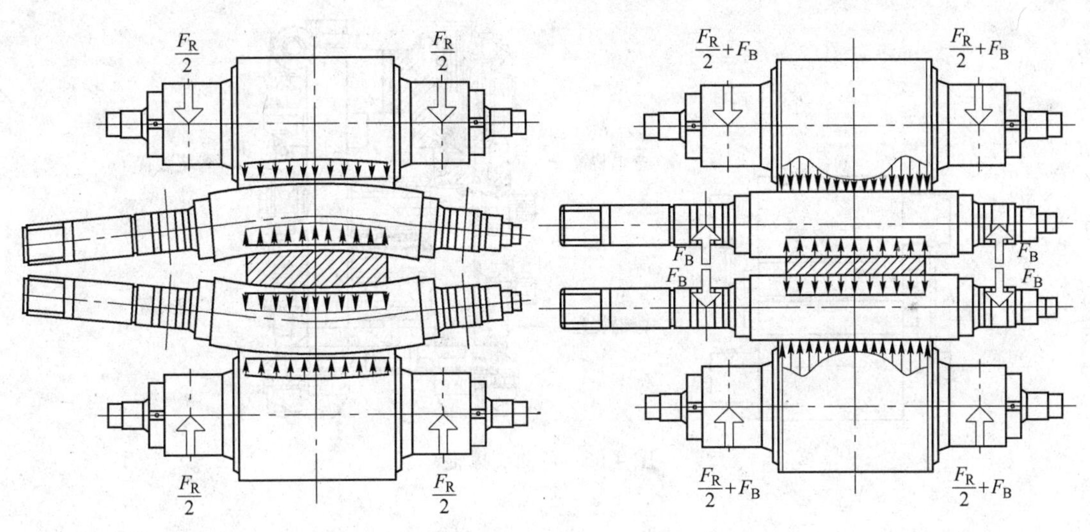

图 4-64 弯曲工作辊

方向相反的弯辊力 F_1，称为负弯工作辊，如图 4-65 所示。

作用：相当于减小工作辊的正凸度，加强凸辊缝，起到减轻或消除中间波浪的作用。此时的液压缸被安装在支撑辊轴承座内，无需拆装高压管接头，换辊方便，并改善了液压缸的工作环境。

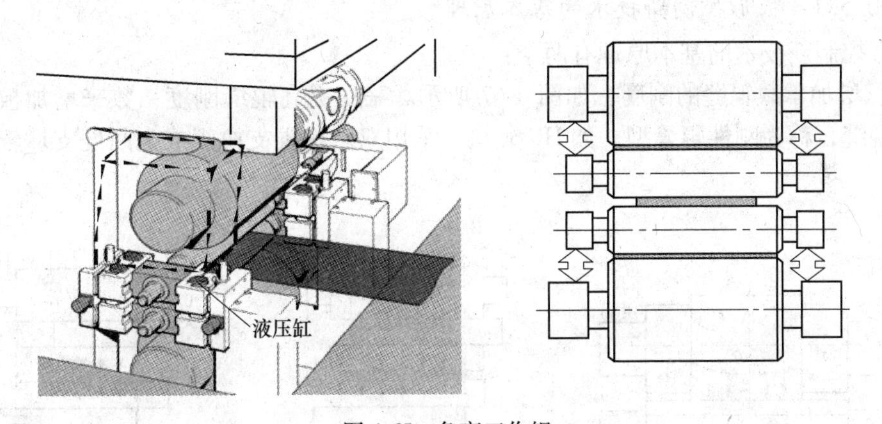

图 4-65 负弯工作辊

B 弯曲支撑辊

将弯辊力加在两支撑辊之间，使支撑辊挠度减小，起正弯辊的作用。弯曲支撑辊如图 4-66 所示。需要注意的是弯辊力不是施加在轧辊轴承座上，而是施加在支撑轴承座之外的轧辊延长部分。这种方法多用于厚板轧机，可提供比弯工作辊更大的挠度补偿范围，其弯辊曲线与轧制压力产生的挠度曲线相仿，因此效果更好。

弯辊力可用计算方法或参考经验数据选取，弯曲工作辊的最大弯辊力（两端之和）约为最大轧制压力的 15%～20%，支撑辊的最大弯辊力约为最大轧制压力的 20%～30%。

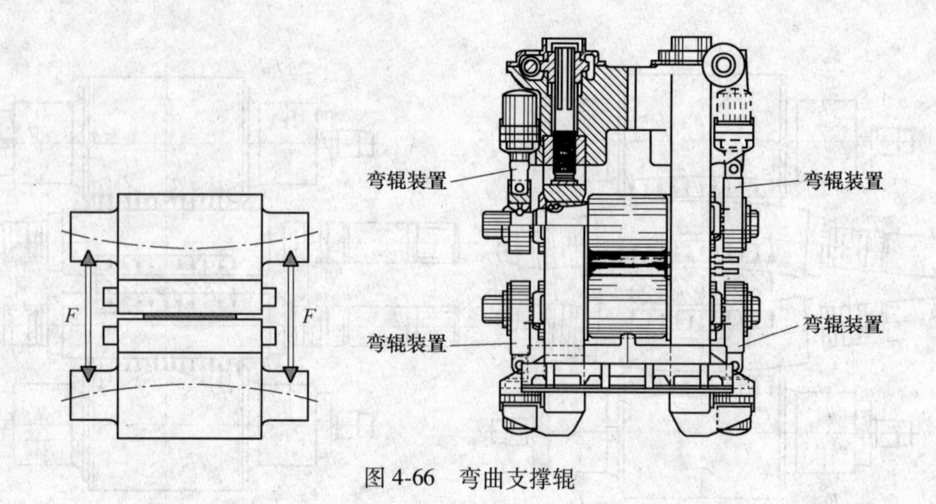

图 4-66 弯曲支撑辊

4.10.5 板形控制新技术与设备

使用液压弯辊技术虽然有一定的效果，但它受液压油源最大压力的限制（一般为 20~30MPa），致使其还不能完全补偿更换产品规格时的实际挠度的大幅度变化，并且还受到轧辊直径的影响。因此，人们仍在不断地研究、开发更有效的板形控制技术及相应的轧机。

4.10.5.1 板形控制新技术的基本原理

板形控制新技术的基本原理有两个：

（1）增加承载辊缝的刚度，如图 4-67 所示。采用提高辊缝刚度系数来增加板形控制能力的辊缝，称为刚性辊缝型。如 HC 轧机，采用双阶梯辊支撑辊或大凸度支撑辊的四辊轧机等。

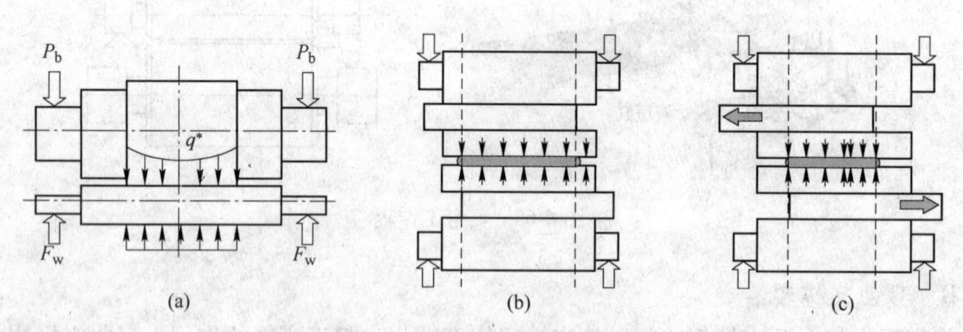

图 4-67 增加承载辊缝的刚度

（a）双阶梯辊支撑辊；（b），（c）HC 轧机

（2）加大轧辊原始辊缝或承载辊缝的调节范围，如图 4-68 所示。在一般的四辊板材轧机上，工作辊原始辊型确定后基本上就是一定的了，显然相对恒定的工作辊原始辊型是不能适应各种变化着的轧制情况的。为此采用加大轧辊原始辊缝的调节范围来控制板形，称为柔性辊缝型。如板带轧机中的 CVC 轧机、PC 轧机、VC 轧机等属于这一类型。

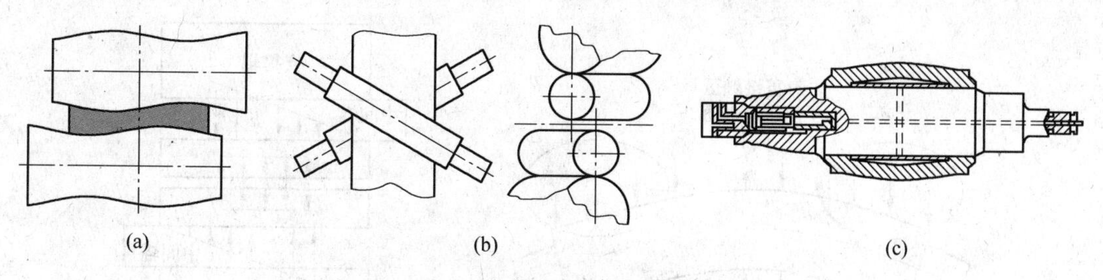

图 4-68 加大轧辊原始辊缝或承载辊缝的调节范围
(a) CVC 轧机示意图；(b) PC 轧机示意图；(c) VC 轧机示意图

4.10.5.2 板形控制轧机

A HC 轧机

对于普通的四辊轧机，在工作辊与钢板不接触的部分，受到支撑辊的悬臂弯曲力的压迫，产生比较大的附加挠度，其大小与钢板的宽度成反比，若能根据钢板的宽度调整支撑辊的有效长度，就能减小工作辊的附加挠度，如图 4-69 所示。

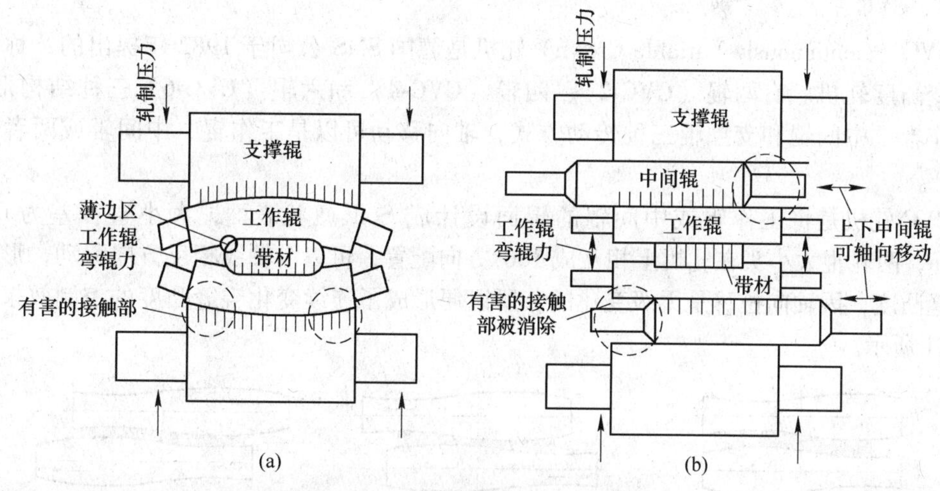

图 4-69 普通四辊轧机和 HC 轧机
(a) 普通四辊轧机；(b) HC 轧机

HC 轧机起源于 20 世纪 70 年代的冷轧带钢，由日立与新日铁联合研制，其基本思路是：通过改变支撑辊与工作辊的接触状况来改变工作辊的挠度，特别是能有效地减轻支撑辊与工作辊之间的有害接触，进而改善板形。

结构特点：在支撑辊与工作辊之间安装一对可相反轴向移动的中间辊而成为六辊轧机。

HC 轧机具有以下特点：

(1) 具有良好的板凸度和板形控制能力，由于它的中间辊可以轴向移动，改变了工作辊和支撑辊的接触应力状态，基本消除了有害的接触应力（见图 4-70），使工作辊弯曲减小，由于带材边部减薄量减少，减少了裂边和切边量，轧制成材率可提高 1%~2%。

(2) 工作辊的一端呈悬臂状态，用很小的力就能使工作辊的挠度明显改变，增强了弯

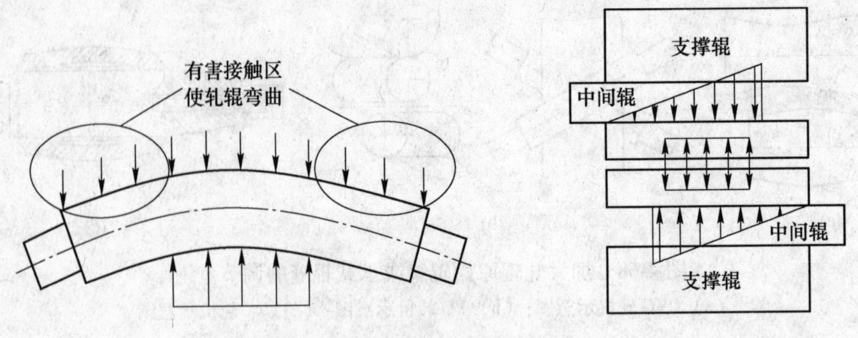

图 4-70　消除有害的接触应力

辊的效能。

（3）可采用小直径工作辊（比普通四辊轧机的工作辊小 30%）、大压下量，减少轧制道次和中间退火的次数，节约了能源。

（4）工作辊可不带原始凸度，减少了磨辊、换辊次数及备用辊的数量。

B　CVC 轧机

CVC（Continuously Variable Crown）轧机是德国 SMS 公司于 1982 年提出的，称为连续可变凸度轧机。有两辊（CVC-2）、四辊（CVC-4）和六辊（CVC-6）三种结构形式；有工作辊、中间辊和支撑辊三种传动方式，轴向移动可以是工作辊、中间辊或两者同时进行。

CVC 轧机是将工作辊或中间辊的辊面设计成 S 形瓶状表面，大小直径差为 0.4～0.7mm，两轧辊大小头在轧机上相互成 180°方向配置，可以沿轴线相反方向移动，形成正负辊缝凸度，因轴向位移是无级变化的，所以便形成了连续变化辊缝凸度的控制效果，如图 4-71 所示。

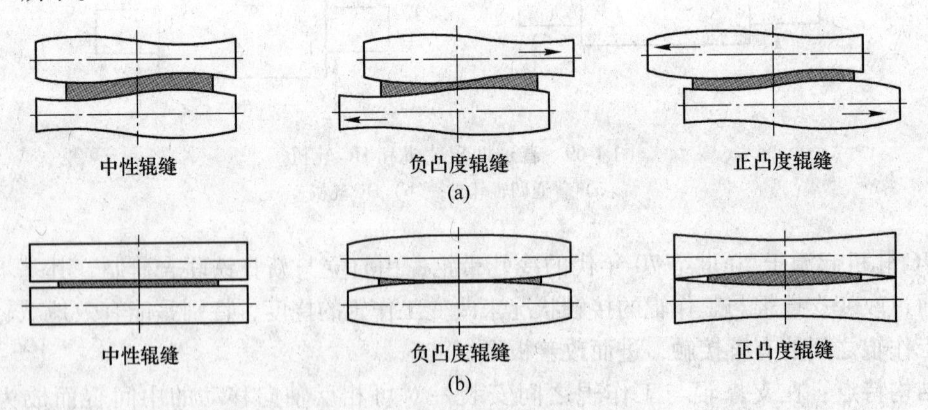

图 4-71　CVC 轧机和普通轧机
（a）CVC 轧机；（b）普通轧机

CVC 轧机的特点如下：

（1）CVC 轧机具有良好的带钢板形控制能力和稳定性，可以利用调整弯辊力、工作辊或中间辊轴向移动、分区冷轧等几个方面，求得最佳辊缝，得到最佳平直度。

（2）CVC 轧机使弯辊力始终处于比较小的状态，降低了弯辊力，提高轧辊和轴承的使用寿命。

（3）支撑辊和工作辊的磨损基本与普通四辊轧机相同，而且由于工作辊轴向窜动，工作辊带钢边部地区的磨损槽可以均匀化，减少了磨损槽的深度。

（4）通过一组 S 形曲线轧辊可代替多组原始辊型不同的轧辊，减少了轧辊备品量。

（5）辊缝调节范围较大，如 1700mm 板带轧机的辊缝调整量可达 600μm。

C PC 轧机

PC 轧机即轧辊水平交叉轧机，是新日铁和三菱重工于 1979 年联合研制成功的，开始用于热轧机上，后来推广到冷轧机上。依轧辊交叉形式的不同分为三种类型：支撑辊交叉，工作辊交叉和工作辊、支撑辊成对交叉，如图 4-72 所示。

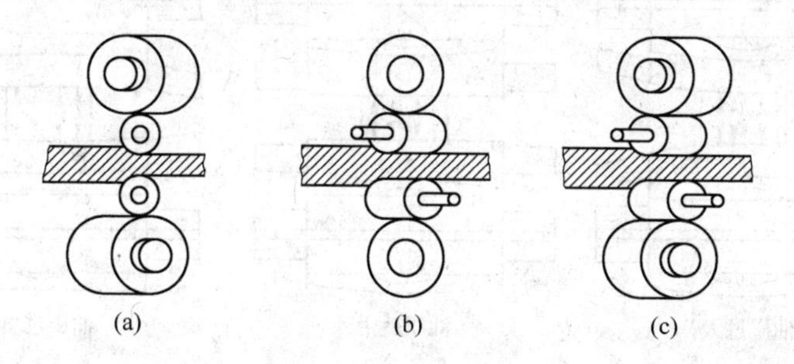

图 4-72 轧辊交叉形式

（a）支撑辊交叉；（b）工作辊交叉；（c）工作辊、支撑辊成对交叉

前两种交叉因轧辊间有相对滑动，造成轧辊磨损、能量消耗和引起较大的轴向力。第三种交叉也称 PC（Pair-Crossed Rolls）轧机，避免了上述缺点，当轧辊交叉角度为 1°时，该系统可以产生约为 900μm 的正凸度，有较好的实用价值。

优点：

（1）有较大的轧辊凸度控制能力，轧辊轴线交叉角可在 0~1.50°范围内调整，最大的轧辊凸度可达 1000μm，居所有轧机之冠。

（2）能有效地控制板带边部减薄。

（3）轧辊辊型简单，节省了轧辊备件量，便于轧辊管理。

缺点：

（1）只能获得相当于正凸度的辊型。

（2）由于调整时轧辊水平旋转方向一角度，轧制时会产生较明显的水平轴向力，对轧辊轴承和轧机机架内侧均有较大的磨损。

D VC 轧机

VC 轧机于 1977 年日本住友金属公司研制成功，首先应用于平整机上，现已广泛用于冷热轧板带轧机上。VC 轧辊称为可变凸度轧辊，即可作为四辊轧机的支撑辊，又可作为二辊轧机的工作辊。它是利用芯轴与套筒之间形成的密封高压油腔，以高压油的压力来改变轧辊凸度，控制板带的平直度，其凸度大小与油压成正比，如图 4-73 和图 4-74 所示。

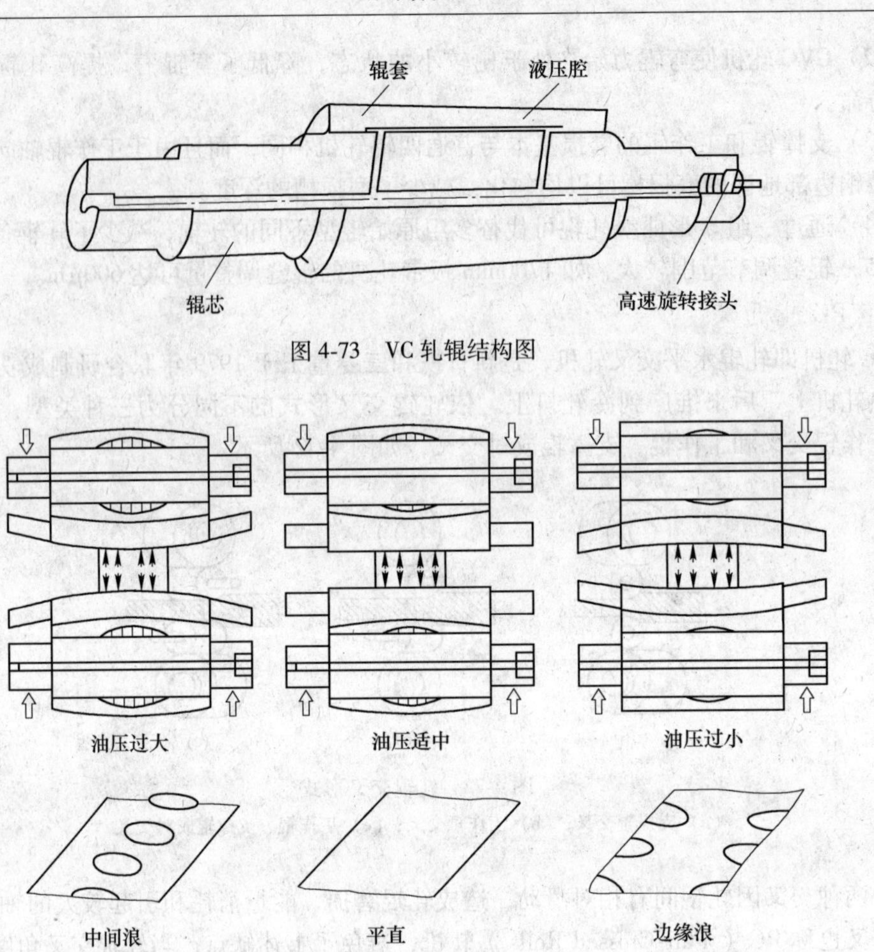

图 4-73　VC 轧辊结构图

图 4-74　VC 轧机调控原理图

4.11　厚度的自动控制

4.11.1　轧制时的弹塑性曲线

4.11.1.1　轧制时轧机的弹性曲线

轧机在轧制过程中，由于整个机座产生了弹性变形，轧辊原来的辊缝 S 增大到 h（见图 4-75），即：

$$h = S_0 + \Delta S$$

$$\Delta S = P / K$$

式中　ΔS——轧钢机座弹性变形值，符合虎克定律；

P——轧制压力；

K——轧钢机刚性系数。

机座的弹性变形值 ΔS 包含了机架、轧辊、轴承以及压下系统等所组成的机座各部件的变形总和。该值在轧制过程中，总的反映在轧辊辊缝的弹跳值上。

刚性系数 K 的物理意义是指机座产生单位弹性变形值时的压力（$K = P/\Delta S$）。因此，

K 值越大，说明轧机的刚性越好，反映到辊缝中的弹跳值就越小。不同的 K 值，产生 ΔS 值的大小是不相同的，如图 4-76 所示。

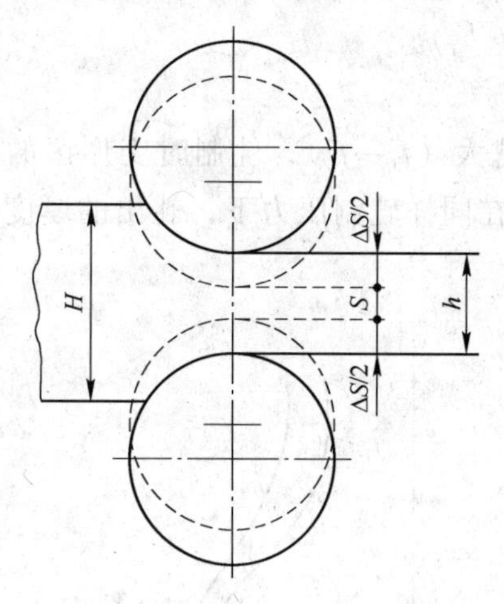

图 4-75　机座产生弹性变形

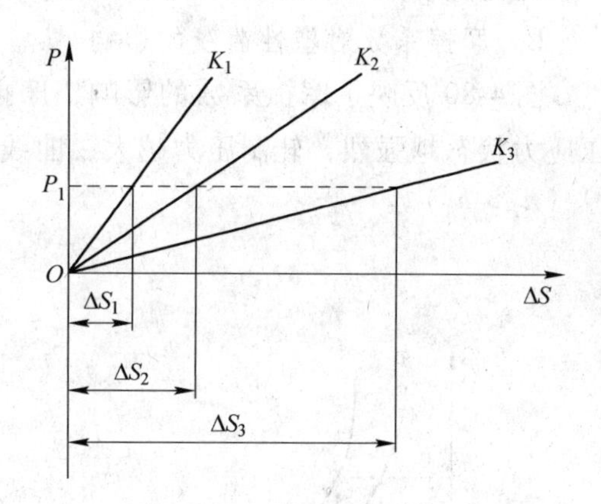

图 4-76　刚性系数 K

反映轧钢机座刚度大小的曲线就是弹性曲线。理想的 K 曲线是一直线，而在实际轧制条件下，K 曲线开始阶段不是理想的直线，而是一小段曲线，如图 4-77 所示。

原因是：由于机座各部件之间在加工及装配过程中产生了一定的间隙。因此，在机座受力的开始阶段，将是各部件因公差所产生的间隙随压力的增加而消失的过程，此时力与变形将不是线形关系。

在轧制时，在一定辊缝和一定负荷下所轧出的轧件厚度，即：

$$h = S_0 + \Delta S$$

弹跳方程对轧机调整有重要意义。它可用来设定轧机原始辊缝，弹跳方程表示了轧出厚度与辊缝及轧机弹跳的关系，它可作为间接测量轧件厚度的基本公式。

4.11.1.2　轧件的塑性曲线

用来表示轧制力与轧件厚度关系变化的图示叫做塑性曲线，如图 4-78 所示，纵坐标表示轧制压力，横坐标表示轧件厚度。

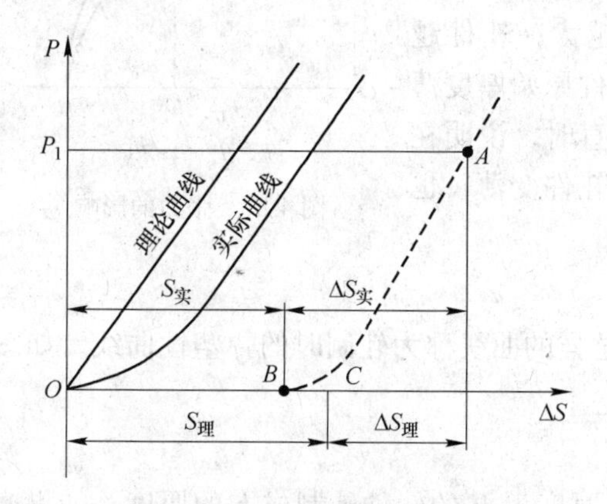

图 4-77　理论与实际弹性曲线

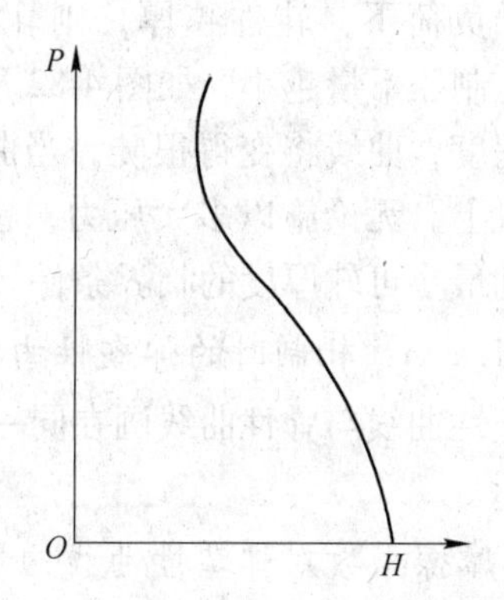

图 4-78　轧件的塑性曲线

A　变形抗力对塑性曲线的影响

如图 4-79 所示，当轧制的金属变形抗力较大时，则塑性曲线较陡（由 1 变为 2）。在同样轧制压力下，所轧成的轧件厚度要厚一些（$h_2 > h_1$）。

B　摩擦系数对塑性曲线的影响

图 4-80 反映了摩擦系数的影响，摩擦系数越大（$f_1 \rightarrow f_2$），轧制时变形区的三向压应力状态越强烈，轧制压力越大，曲线越陡，在同样轧制压力下，轧出的厚度就越厚（$h_2 > h_1$）。

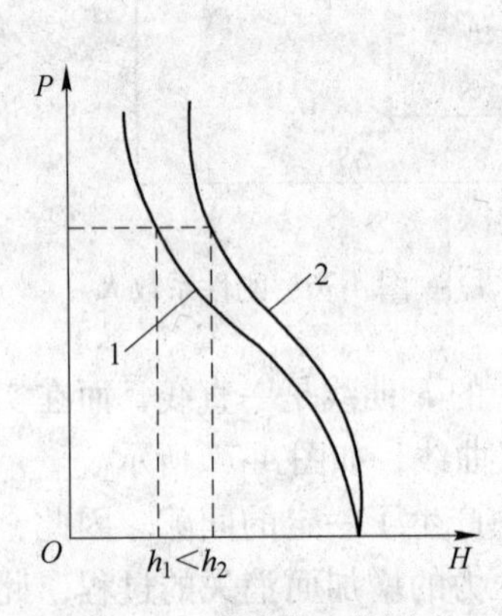

图 4-79　变形抗力的影响

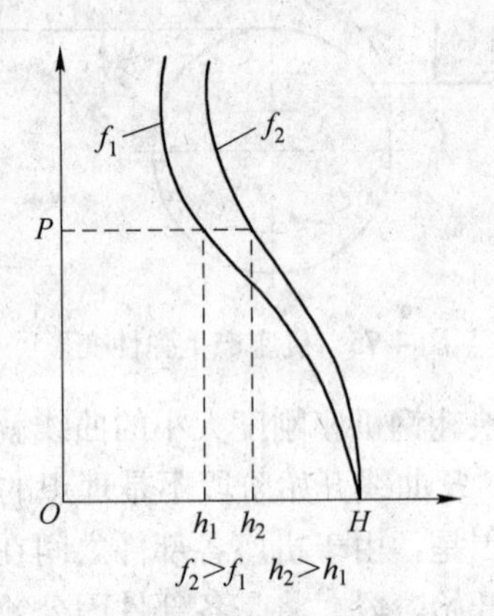

图 4-80　摩擦系数的影响

C　张力对塑性曲线的影响

张力的影响也可用类似的图反映出来，如图 4-81 所示。张力越大（$q_2 \rightarrow q_1$），变形区三向压应力状态减弱，甚至使一向压应力改变符号变成拉应力，从而减小轧制压力，曲线斜率变小，使轧出厚度减薄（$h_1 < h_2$）。

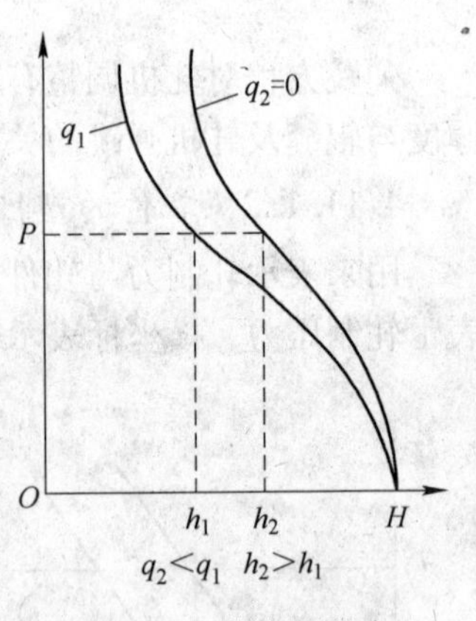

图 4-81　张力的影响

D　轧件原始厚度对塑性曲线的影响

同样负荷下，轧件越厚，则轧制压下量越大；轧件越薄，则轧制压下量越小，如图 4-82 所示。当轧件原始厚度薄到一定程度，曲线将变得很陡，当曲线变为垂直时，说明在这个轧机上，无论施以多大压力，也不可能使轧件变薄，也就是达到最小可轧厚度的临界条件。

4.11.1.3　轧制时的弹塑性曲线

把塑性曲线与弹性曲线画在同一个图上，这样的曲线称为轧制时的弹塑性曲线，如图 4-83 所示。

A　摩擦系数对弹塑性曲线的影响

如图 4-84 中实线所示，在一定负荷 P 下将厚度为 H 的轧件轧制成 h 的厚度。如果摩擦系数增加，原来的塑性曲线将变为虚线。如果辊缝未变，由于压力的改变将出现新的工

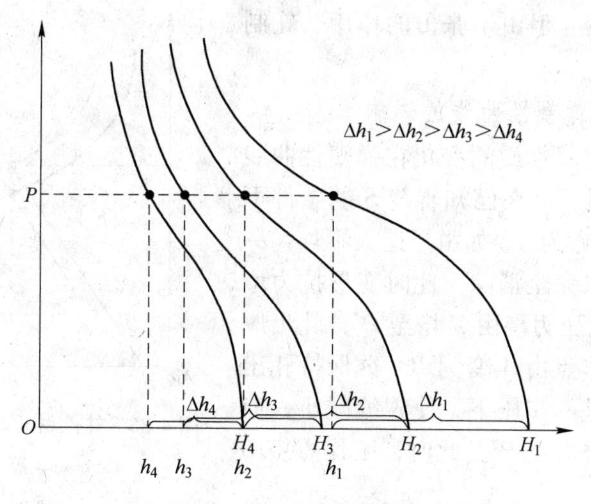

图 4-82 轧件厚度的影响

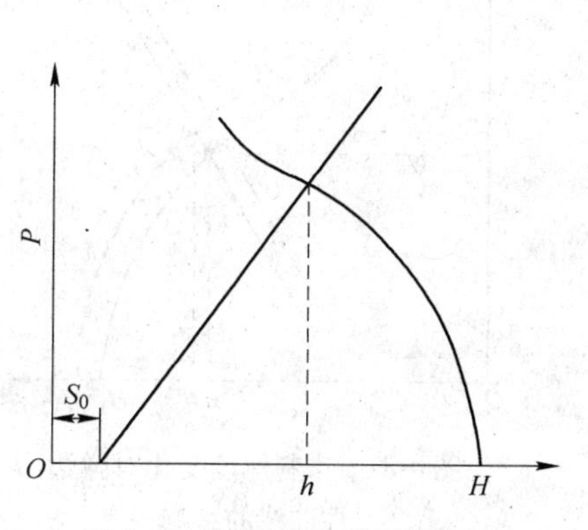

图 4-83 轧制时的弹塑性曲线

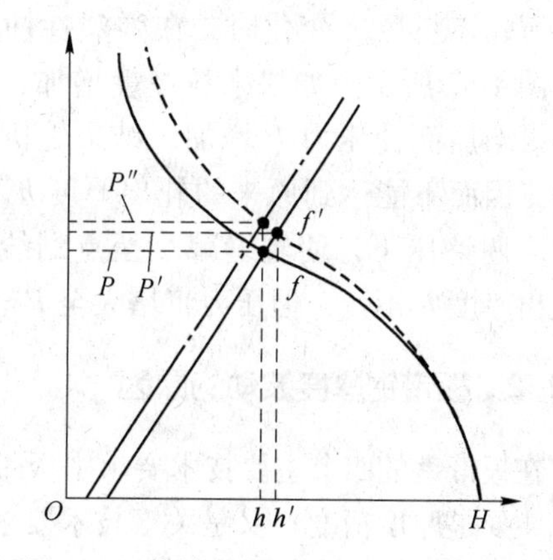

图 4-84 摩擦系数对弹塑性曲线的影响

作点，此时负荷增高为 P，而轧出的厚度由 h 变为 h'，因而摩擦的增加使压力增加而压下量减小。

如果仍希望得到规定的厚度 h，就应当调整压下，使弹性曲线平行左移至点划线处，与塑性曲线交于新的工作点，此时厚度为 h 但压力将增至 P''。

B 张力对弹塑性曲线的影响

图 4-85 所示为冷轧时的弹塑性曲线，实线所示为在一定张应力 q_1 的情况下轧制工作情况。此时轧制压力为 P，轧出厚度为 h，假如张力突然增加达到 q_2，塑性曲线将变为虚线所示。在新的工作点轧制压力降低至 P'，而出口厚度减薄至 h'，而此时辊缝并未改变。

如欲使轧出厚度仍保持 h，就需要调整压下使辊缝稍许增加，即弹性曲线右移至点划线处，达到新的

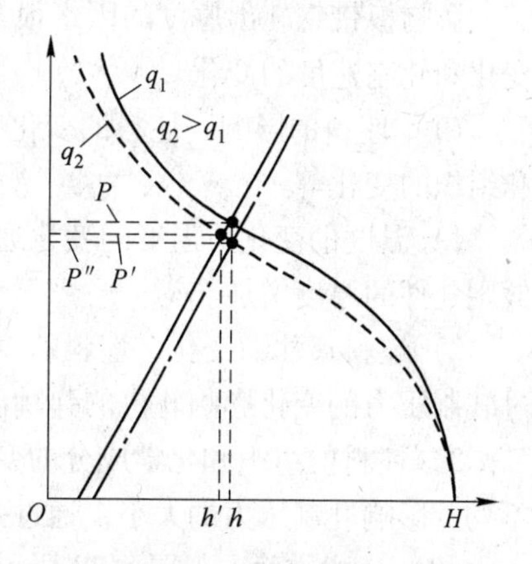

图 4-85 张力对弹塑性曲线的影响

工作点以维持 h 不变，但由于张力的作用，轧制压力降低至 P''。

C　轧件材质对弹塑性曲线的影响

图 4-86 为轧件材料性质的变化在弹塑性曲线上的反映。正常情况下，在已知辊缝 S 的条件下轧出厚度为 h，工作点为 A。如由于退火不均，一段带材的加工硬化未完全消除，此时变形抗力增加，这种情况下轧制压力将由 P 增至 P'，轧出厚度由 h 增至 h'，工作点由 A 变为 B。欲保持轧出厚度 h 不变，就需进一步压下，使辊缝减小，但轧制压力将进一步增大至 P''，此时，工作点由 B 变为 C。

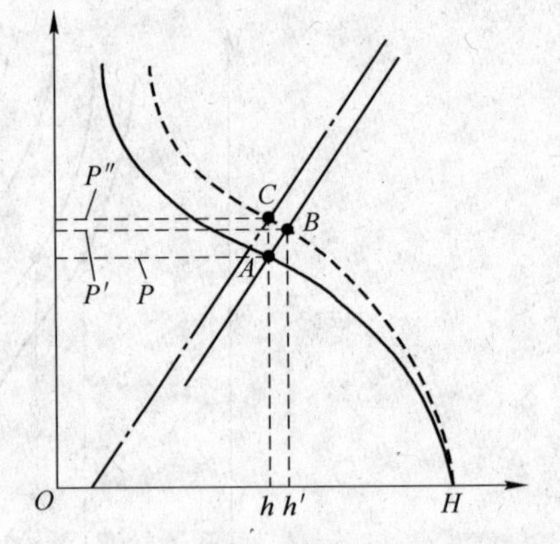

图 4-86　轧件材质对弹塑性曲线的影响

D　来料厚度变化对弹塑性曲线的影响

所轧坯料厚度变化时，在弹塑性曲线上的反映如图 4-87 所示。如果来料厚度增加，此时由于压下量增加而使压力 P 增加，结果轧机弹性变形增加，因而不能达到原来的轧出厚度 h，而为 h'，这时应调整压下，使辊缝减小至点划线，才能保持轧出厚度 h 不变，但压力将增大至 P'。

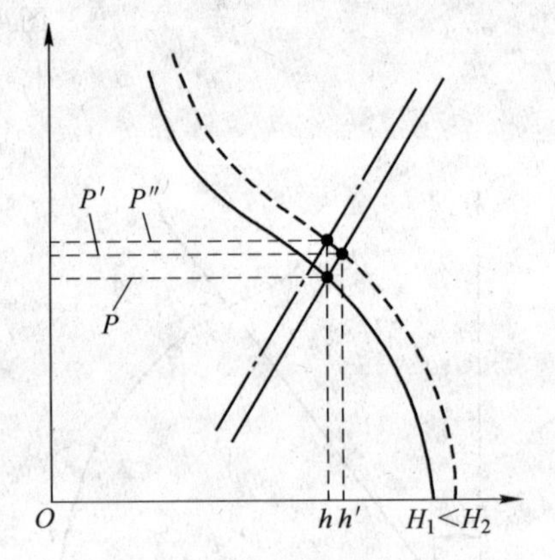

图 4-87　来料厚度变化对弹塑性曲线的影响

4.11.2　板带钢厚度波动的原因

在板带钢的四个主要技术要求中板带的尺寸精度（主要是厚度精度）又是关键技术要求，这是因为板带厚度的微小变化都会引起板带的性能、板形及金属消耗的巨大变化，因此，攻克板带钢的厚度控制成为了轧钢工作者的努力方向之一。

4.11.2.1　影响厚度主要因素

影响板带钢轧出厚度的因素很多，主要有以下几个：坯料的变化，轧机方面，张力的变化和轧制速度的变化。

（1）坯料的影响。坯料的变化有温度的变化、坯料厚度和宽度的变化、坯料化学成分和组织的变化等。

1）温度的变化。温度的变化通过影响轧件的变形抗力来影响轧件的轧出厚度，温度低则轧件的厚度增加。

2）坯料尺寸的变化。坯料的厚度变化直接影响轧件的轧出厚度；坯料宽度的变化通过轧制压力的变化影响轧机的弹跳值而影响轧件的轧出厚度。

3）坯料的组织和化学成分的变化。化学成分和组织的不均匀分布会造成变形抗力的不均，影响轧制压力的大小，通过弹性变形影响辊缝的大小。

（2）轧机方面，如图 4-88 所示。轧辊的磨损、热膨胀、轧辊轴承的偏心等都会在压下指示不变的情况下使实际的辊缝值发生变化，影响轧件的轧出厚度 $h = s_0 + P/K$。

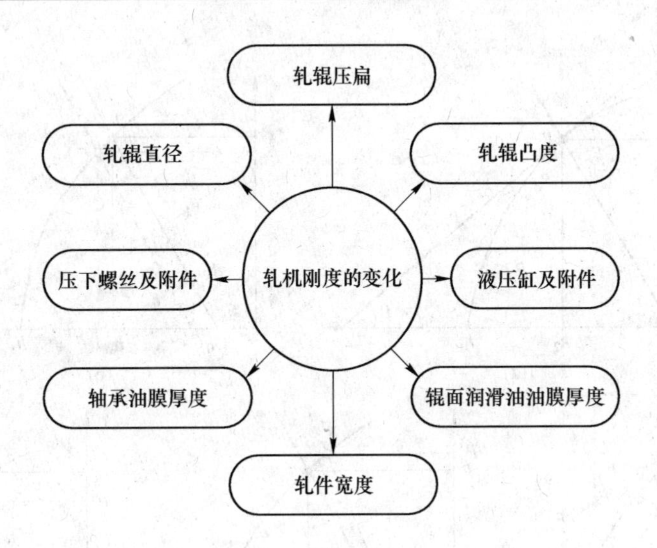

图 4-88 轧机方面对厚度的影响

（3）张力的变化。张力的变化影响变形区的应力状态，改变了轧件的变形抗力，对轧件的厚度产生影响。例如：轧件的头部和尾部的厚度均厚于中部，这是因为这两部分没有张力的缘故。

（4）速度的变化。轧制速度的变化主要影响到液压轴承的油膜厚度和轧件表面的润滑油油膜的厚度；速度越快，油膜的厚度越厚，轧件的厚度就越薄。

4.11.2.2 板带钢的轧出厚度

板带钢的实际轧出厚度是原始辊缝 s_0 与轧钢机座弹性变形的叠加值。

$$h = s_0 + (P - P_0)/K$$

式中 $(P - P_0)/K$——由轧制压力引起的辊缝变化；

h——钢板的实际厚度；

s_0——原始辊缝。

（1）改变辊缝。当其他条件不变时，减小原始辊缝，也使得轧件的轧出厚度变小；这相当于把轧机的弹性曲线向左移，甚至可以使用负辊缝来轧制更薄的产品，如图 4-89（b）所示。

（2）轧件塑性曲线位置改变。在轧机刚度不变的情况下，改变来料的厚度，即减小来料的厚度，也可以使轧出的轧件厚度更薄，这相当于将塑性曲线向左移，如图 4-89（c）所示。

（3）轧机刚度的变化。当轧件的塑性曲线不变时，如只改变轧机的刚度，则轧出的轧件厚度随轧机刚度的变化而变。刚度增加，相同条件下轧件的轧出厚度变薄，反之变厚，如图 4-89（d）所示。

（4）轧件塑性曲线斜率变化。凡是引起轧制压力变化的因素都会使轧件塑性曲线的斜率发生变化，轧制压力增加则金属更难变形，塑性曲线的斜率增大，反之减小。相同条件下，斜率大的塑性曲线轧件的轧出厚度就大，如图 4-89（e）所示。

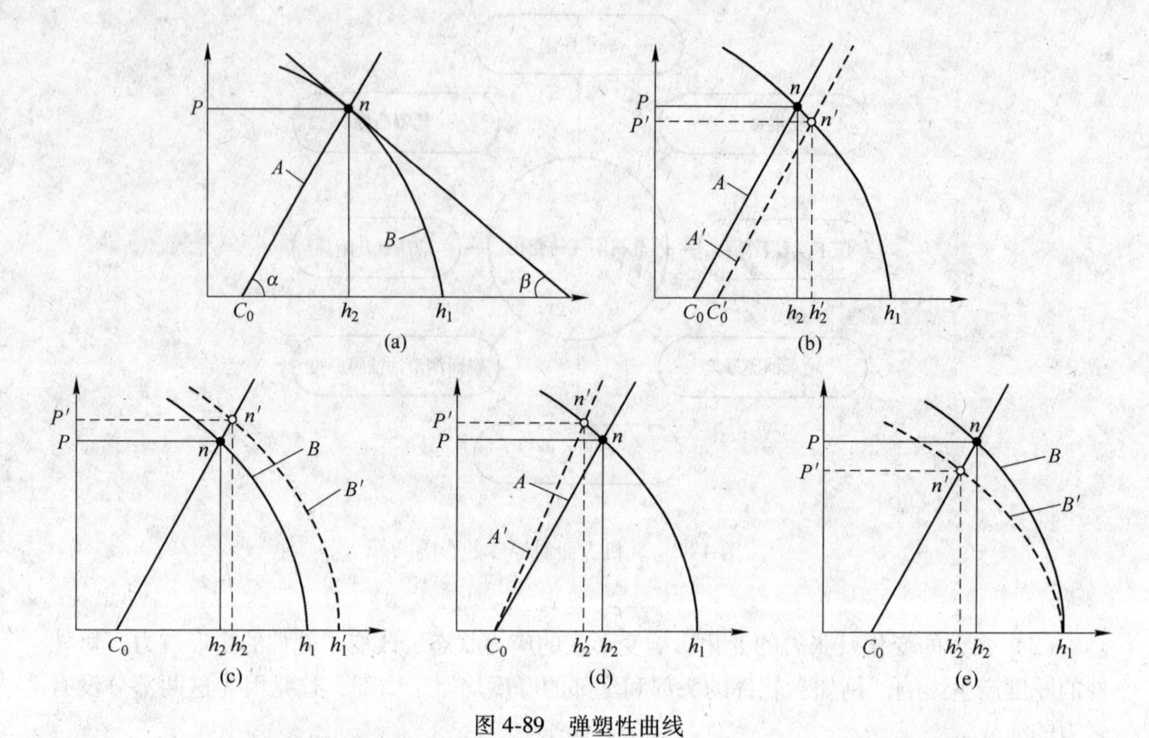

图 4-89　弹塑性曲线

（a）初始辊缝设定；（b）改变辊缝位置；（c）改变轧件入口厚度；
（d）改变轧机刚度；（e）改变塑性曲线斜率

4.11.3　厚度自动控制的原理和形式

4.11.3.1　基本 AGC 的种类和基本控制原理

板带钢厚度自动控制（AGC）系统是指为使板带钢的厚度达到设定的目标而对轧机进行在线调节的一种控制系统。

按照控制结构的不同 AGC 分为前馈 AGC、反馈 AGC 和补偿 AGC。

前馈 AGC（又称预控 AGC），它是对来料的厚度进行测厚，按一定的数学模型对辊缝进行预先调整，以达到使轧出的轧件厚度接近目标值的目的。

反馈 AGC 包括压力 AGC、测厚仪 AGC、张力 AGC 等。

补偿 AGC 包括油膜厚度补偿 AGC、尾部补偿 AGC、轧辊偏心补偿 AGC 等。

板带钢厚度自动控制的方法不止一种，有控制轧出厚度的，有控制轧制压力的，有控制辊缝的，还有控制张力的等。

与其相对应的 AGC 系统的操作量有辊缝、轧制压力、轧件的张力、轧制速度。在一个机组上即可以单独使用上述方法，也可以混合使用，视具体情况而定。

A　压下调厚

压下调厚是一种由英国钢铁协会与戴维钢铁公司最早开发的板带钢厚度自动控制系统（AGC），使用的比较多，技术含量在今天看来相对较低，其调整效率随轧件的厚度减薄而逐渐降低。因此，在冷轧薄钢板，特别是接近成品机架使用的比较少，效果不如张力调厚。

(1) 压下调厚的一般原理，如图 4-90 所示。

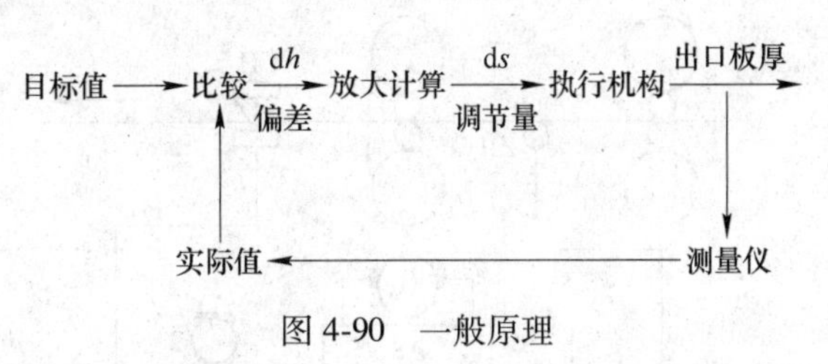

图 4-90 一般原理

(2) AGC 的基本组成。一套完整的压下调厚 AGC 由测厚仪、厚度自动控制系统、执行机构组成。

1) 测厚仪。测厚仪是一个传感器，它对轧件的轧出厚度进行测量，将实际厚度信号传递给厚度控制系统。

测厚的方式有直接测厚和间接测厚两大类。直接测厚即通过接触或非接触的方式直接测出钢板的厚度；而间接测厚并不是测出钢板的厚度，而是测轧制压力或压下装置的位置，然后通过相关的公式计算出钢板的厚度。

2) 厚度自动控制系统。厚度自动控制系统接受测厚仪传递来的钢板厚度信号，将其与标准厚度进行比较，根据两者的差值算出调节量，提供给执行机构进行调整。

3) 执行机构。根据厚度自动控制系统给出的调节信号，对辊缝进行调节（APC），执行机构一般为液压压下装置。

(3) 压下调厚 AGC 的基本类型如下：

1) 直接测厚反馈闭环控制系统。测厚仪测出实际厚度 h' 与给定值 h 比较，输出偏差值 $\mathrm{d}h$ 给厚度自动控制系统计算出调节量 $\mathrm{d}s$，传递至压下系统进行调节。这种方式的主要缺点是调节滞后。

2) 间接测厚反馈闭环控制系统。根据弹性方程求出轧制压力的变化值与辊缝变化值及钢板厚度变化值之间的关系，测出轧制瞬间的轧制压力变化值，迅速调整相应的辊缝值，消除钢板厚度的变化值。

3) 监控 AGC。间接测厚反馈闭环控制系统的主要缺点是控制的精度不高，在其后面加上一个监控 AGC，对轧出的板厚进行测厚，如符合要求则予以锁定，如不符合要求则进行厚度调节，直至合格。

4) 预控 AGC。预控 AGC 是通过对来料厚度进行测量，与标准值进行比较、调整，进而达到控制轧出板厚的目的。预控 AGC 属开环控制，单独使用效果不明显，应与测厚反馈闭环控制系统结合使用。

B 张力控厚

张力控厚的基本原理是利用前后张力变化改变轧制压力，来改变轧件的塑性曲线的斜率以控制厚度，如图 4-91 所示。增加张力则轧制压力减小，轧件塑性曲线的斜率减小，轧出轧件的厚度变小。当来料厚度增加时，减小塑性曲线的斜率可以在轧制压力不变的情况下轧出来料未变时的厚度。

4.11.3.2 热带精轧机组中的厚度自动控制

厚度自动控制系统是热连轧精轧机组自动控制系统中非常重要的一个组成部分。现代化的带钢连轧机组广泛采用直接数字式计算机（DDC）进行带钢的厚度自动控制，称为 DDC-AGC 系统。

在系统中采用了诸如厚度偏差监控、速度补偿、宽度补偿、油膜厚度补偿、尾部补偿

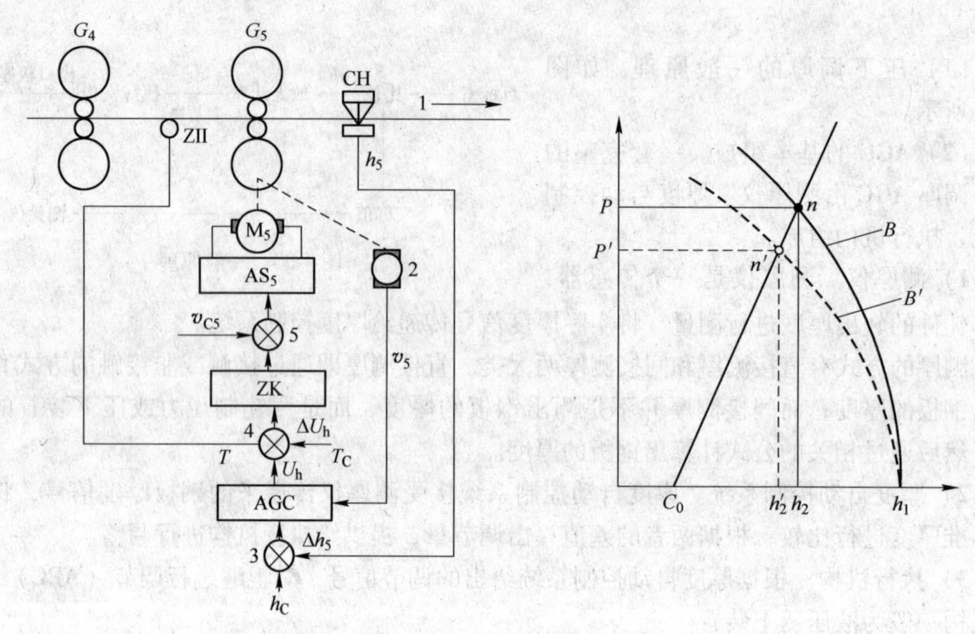

图 4-91　张力控厚示意图

等控制措施，确保了带钢的尺寸精度。

A　厚度锁定方法

厚度锁定的方法有两种：

(1) 以设定值为目标值（绝对 AGC）。带钢轧出后对其测厚，将测出值与目标值进行比对，若有差值，就进行调厚，直到差值为零。该方法的特点是：要求带钢全长都要调到唯一的设定值；其缺点是：容易造成压下系统负荷过大，同时也易将带钢的厚度沿长度方向调成楔形。

(2) 以头部厚度为目标值（相对 AGC）。带钢轧出后对其头部测厚，不论头部的厚度是否符合设定值，控制系统都将其作为标准，将后续轧出厚度测出值与该值进行比对，若有差值，就进行调厚，直到差值为零。该方法的特点是：带钢全长各点都要向头部厚度看齐，有利于得到厚度均匀的带钢厚度；其缺点是：得到的厚度值不一定符合产品所要求的厚度。

在实际生产使用中，通常两种方法同时使用。当选用绝对 AGC 时，如设定误差较大时，计算机将自动转成相对 AGC。

B　偏心控制

由于机械加工与装配等原因，不可避免地会出现轧辊或轧辊轴承的偏心。对轧件而言偏心的结果造成其厚度出现周期性的偏差。在实际生产中人们利用了计算机技术和液压 AGC 系统的快速响应能力，对其进行补偿，以减轻甚至消除这种偏差。

典型的偏心补偿方法有轧制力法、辊缝仪法和前馈控制法。

C　厚度监控

在精轧机组末机架出口一侧，设置具有较高精度的测厚仪，对轧出带钢的厚度偏差进行检测，并适当放大，反馈到各机架厚度控制系统，做适当的压下调整，进而控制带钢成品的厚度。对监控结果，可以是计算机自动进行调整，也可由操作者决定是否进行调整。

D 带钢尾部补偿

当带钢的尾部离开上一机架时，由于后张力的消失，使得带钢的尾部增厚，为了防止尾部增厚，在带钢的尾部离开上一机架时，就要增大下一机架的压下量，这种方法称为带钢尾部补偿，如图 4-92 所示。

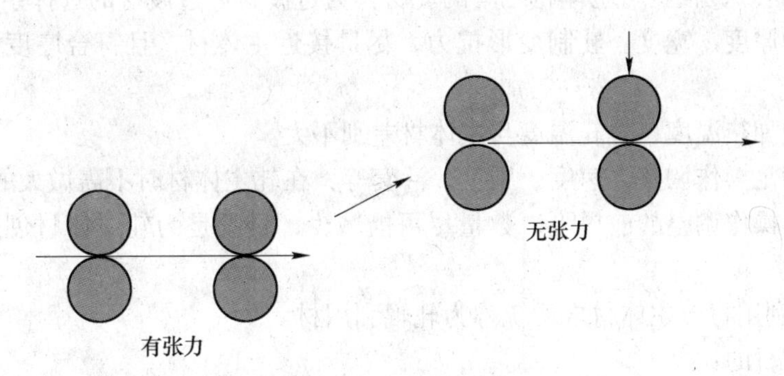

图 4-92 带钢尾部补偿示意图

一般的操作方法是将下一机架的厚度偏差控制信号适当放大，放大的部分就是带钢尾部压下的补偿值了。

E 自动复位

带钢的厚度自动控制系统是在辊缝设定的基础上对带钢全长的厚差进行调节的系统，当各机架轧制带钢尾部时，未轧钢的机架，其辊缝值已偏离原有的设定值，为了不影响下一根钢的轧制，加快辊缝调整的时间，AGC 系统设有自动复位的功能。这是一个“记忆→工作→恢复”的过程。

4.12 热轧带钢轧制生产计划的编排

一个热轧带钢厂生产的规格、品种很多，先轧哪个，后轧哪个，是有讲究的，要按照计划编排进行轧制。

轧制生产计划的编排原则和步骤如下：

(1) 确定轧制单位中的主轧材（重点质量保证产品）。轧制单位是指精轧工作辊一次使用周期内的轧制顺序及其轧制量。确定轧制单位中的主轧材时应满足以下条件：

1) 产品大纲中的极限材。

2) 在同一生产期内宽厚比较大的产品。

3) 板形或厚度差要求严格的产品。

4) 在同一生产期内产品质量要求高，有一定操作控制难度的产品。

(2) 在轧制单位的开始阶段，安排一定量的烫辊材。

1) 安排烫辊材的目的：

① 换辊后辊缝值设定的检查。

② 适应性的操作与调整。

③ 预热轧辊使辊型能进入理想状态。

2）烫辊材的选择条件：

① 软钢 $w(C) \leqslant 0.10\%$。

② 最易轧的尺寸：(2.8~3.2)mm×(900~1100)mm。

③ 品质要求一般，且容易达到的产品。

④ 数量，根据操作水平，一般3~5卷。

(3) 过渡材。烫辊材与主体材之间的轧材称为过渡材。过渡材的选择条件：

1）产品的厚度、宽度、轧制变形抗力，尽量接近主体材，且符合厚度、宽度的过渡原则。

2）要求的加热温度、终轧温度与主体材差别不大。

3）充分满足操作调整，速度、压下、活套等，在轧主体材时不需做大的调整。

4）在满足操作调整的前提下，数量尽可能减少，目的是为轧主体材创造最好的辊型条件。

(4) 轧辊利用材。主体材之后统称为轧辊利用材。

1）安排的目的：

① 充分利用轧辊，降低辊耗。

② 减少换辊时间，增加产量。

2）选择的条件：

① 能保证产品厚度精度与板形。

② 轧辊磨损均匀，不因局部磨损过大而增加轧辊磨削量。

③ 轧材尺寸变化符合宽度厚度的过渡原则。

(5) 宽度、厚度过渡原则。

1）宽度过渡原则：

① 一般由宽到窄，相邻两轧制批的宽度差一般为50~100mm，最大250mm，当宽度差不大于20mm时，可视为同一宽度。

② 优先考虑厚度过渡时，宽度也可由窄到宽，但相邻两轧制批的宽度差，$B_{max} \leqslant$ 100mm，其轧制量减为由宽到窄轧制量的1/4~1/3。

2）厚度过渡原则：

① 一般由厚到薄变化，厚度变化值越小越好，最大变化值，当 $H < 4.0$mm 时，厚材为薄材的2.5倍；当厚度 $H > 4.0$mm 时，厚材为薄材的3.5倍。

② 需要由薄向厚过渡时，轧制量应比由厚向薄过渡减少1/3~1/2。

注意：钢质不同时，由软钢向硬钢过渡；钢质相同时，由厚度公差小的向厚度公差大的过渡，两者重复时，优先考虑厚度公差。

(6) 质量保证原则：

1）表面质量、厚度公差，板形质量相对要求较严的产品，应安排在轧制单位的前半部。

2）宽度、厚度过渡相矛盾时，优先考虑宽度。

3）相邻两轧制批的板坯厚度差一般应小于或等于30mm。

4）同一厚度的板坯在炉内的装入块数 n，应满足以下计算式的要求：

$$n=均热段炉长\times生产炉数\times m/(板坯宽度+板坯装炉间隙)$$

式中 m——炉内一列材 $m=1$，炉内二列材 $m=2$。

5）有特殊要求的材质尽可能集中安排轧制。

6）对加热温度、加热时间有特殊要求的材质，其前后应尽可能安排对加热温度加热时间适应性大的材质。

7）相邻两批的加热温度差，应不大于板坯加热温度允许的偏差值。

8）停炉检修后第一天不安排加热温度高的产品。

（7）生产管理原则：

1）加热炉供热能力不足时（煤气、重油压力流量低），不安排加热温度高，对加热时间有要求的产品。

2）粗轧机组有空设机架时，R1 空设，不安排厚度大的板坯，R3 或 R4 空设要注意板的装炉长度。

3）一台卷取机工作时，不安排二列材。

4）精轧机组有空设机架不安排 $h\leqslant2.5$mm 的产品。

5）控制倒卷系数，卷径/卷宽≤2.5。

6）轧机主传动系统对轧制负荷有限制时（设备原因），应按所限制的负荷安排生产。

（8）编制轧制单位时应考虑的问题：

1）轧辊材质。轧制千米带钢长度或轧制 1t 带钢的轧辊磨损量。

2）产品尺寸构成比例。决定烫辊材尺寸及轧制单位的划分。

3）轧辊修磨装配能力。

4）后续工序卸卷能力、库存能力。

5）产品质量要求（尺寸、板形、表面质量、终轧温度）。

6）支撑辊的换辊周期（工作辊辊径、辊型配置）。

7）加热温度调整水平。

8）设备检修周期，检修时间是否停炉。

9）板坯供应状况。

10）操作水平。

4.13 冷轧带钢轧后缺陷

将冷轧带钢常见的缺陷进行归纳可分为表面缺陷、板形缺陷、卷型缺陷和尺寸缺陷四大类。

（1）表面缺陷、包括黏结、席纹、振纹、热擦痕、氧化色、辊印、氧化铁皮压入、划伤、分层、锈蚀、平整纹、乳化液斑、压痕、表面夹杂、欠酸洗、过酸洗、涂油不均、横向条纹、边裂、结疤、折皱等。

（2）板形缺陷，包括切斜、各种浪形、瓢曲、镰刀弯等。

（3）卷型缺陷，包括塔形、鼓包、扁卷、松卷等。

（4）尺寸缺陷，包括厚度超差、宽度短尺、长度超差等。

4.13.1 冷轧带钢的轧后表面缺陷

4.13.1.1 欠酸洗

缺陷特征：酸洗后钢带表面残留着未酸洗掉的氧化铁皮，板面呈灰、黑色的现象称欠酸洗，如图4-93所示。

图4-93 欠酸洗

产生原因：

（1）热轧带钢的头、中、尾以及沿宽度方面的边部和中部的温度和冷却速度不同，使同一带钢各部分的铁皮结构和厚度不同，通常头部铁皮较厚，尾部铁皮较薄。因此，在酸洗速度相同的情况下，易产生局部未洗净。

（2）酸洗工艺不适当，如：酸洗的浓度、温度偏低，酸洗速度太快，酸洗时间不足，或氧化亚铁浓度过高，未及时补充新酸液等。

（3）拉伸除鳞机拉伸系数不够，使铁皮未经充分破碎、剥离，影响酸洗效果。

（4）带钢外形差，如镰刀弯、浪形等，使机械除鳞效果差，易造成局部欠酸洗。

危害：导致氧化铁皮残留在钢带表面，可能产生麻点、凹坑等缺陷。

4.13.1.2 氧化色

缺陷特征：钢带表面被氧化，其颜色由边部的深蓝色逐步到浅蓝色、淡黄色的现象称氧化色，如图4-94所示。

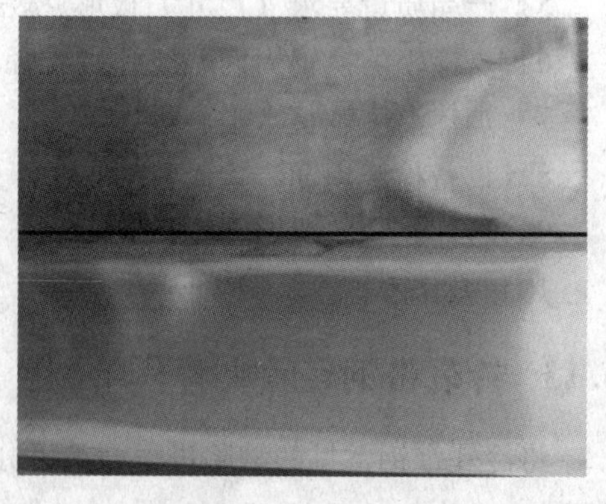

图4-94 氧化色

产生原因：

（1）退火时保护罩密封不严或漏气发生化学反应。

（2）保护罩吊罩过早，高温出炉，钢卷边缘表面氧化。

（3）保护气体成分不纯。

（4）加热前预吹扫时间不足，炉内存在残氧，钢卷在氧化性气氛中退火。

危害：影响钢带表面质量和涂装效果。

4.13.1.3 黏结痕迹

缺陷特征：退火钢卷层间互相黏合在一起称黏结，如图4-95所示。黏合的形式有点状、线状和块状黏合。黏结严重时，手摸有凸起感觉，多分布于带钢的边部或中间。严重的块状黏结，开卷时被撕裂或出现孔洞，甚至无法开卷。平整后表面为横向亮条印迹或马蹄状印迹簇集。

产生原因：

（1）冷轧时卷取张力过大或张力波动。板形不好，在层间压力较大部位产生黏结。

（2）带钢表面粗糙度太小。

（3）板形不良产生边浪和中间浪以及存在焊缝、塔形、溢出边等。吊运夹紧时局部挤压以及堆垛时下层受压等造成局部压紧黏结。

（4）炉温控制不当，温度过高。

（5）钢质太软，钢中碳硅含量少，黏结倾向高。

图4-95 黏结痕迹

（6）退火工艺不合理，退火时间太长或退火工艺曲线有误等。

危害：影响钢带表面质量和涂装效果。

4.13.1.4 乳化液斑（黑斑）

缺陷特征：黑斑是产生于冷轧的乳液斑迹，经退火还原后表面积碳，一般分布在带钢中部，对称的分布在钢带的上下表面，呈黑色，一条或多条成带状分布，严重的贯穿带钢的全长，如图4-96所示。

图4-96 乳化液斑

产生原因：

（1）乳化液吹扫不净。

（2）末机架出口吹风机压力小，吹不净。

（3）乳化液防锈能力不足。

危害：影响钢带的外观质量和用户的加工使用，如涂层效果。

4.13.1.5 锈蚀

缺陷特征：锈蚀是带钢表面呈不规则的点状、块状、条片状的锈斑，如图4-97所示。锈蚀轻者颜色为淡黄色，较严重者为黄褐色或红色，严重的可呈黑色，表面粗糙，可出现在带钢的任意部位，形状和面积大小不一。

产生原因：

（1）防锈油水分过多，或防锈能力差。

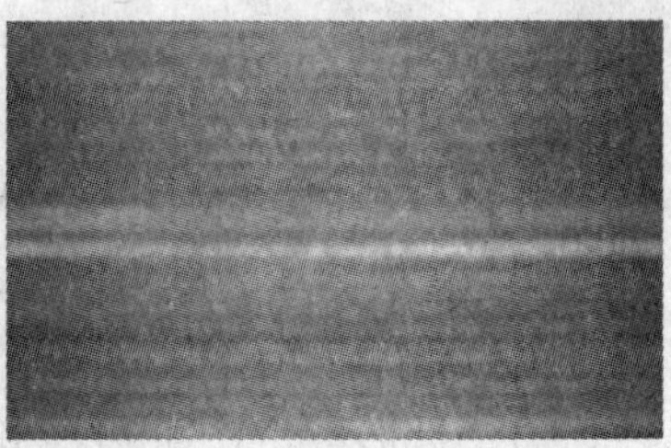

图 4-97　锈蚀

（2）钢带涂油不均或涂油量过少。

（3）包装不良，钢带与周围介质（空气、水等）特别是与腐蚀性介质接触，发生化学反应。

（4）钢卷在中间库存储时间过长，特别是在温差大、空气潮湿的环境中存储时间过长。

危害：影响钢带的外观质量和涂层效果。

4. 13. 1. 6　平整纹

缺陷特征：缺陷呈羽纹状，是平整过程中出现的线痕，可分布在钢带的局部或布满整个带宽，如图 4-98 所示。

产生原因：带钢在辊缝中的不均匀延伸造成。

危害：影响产品的外观形象和用途。

图 4-98　平整纹

4. 13. 1. 7　席纹

缺陷特征：钢板表面的连串人字形印迹，呈树枝状，故也称“树纹”，如图 4-99 所示。多出现在薄带钢的两肋部位，与轧制方向斜交，严重的出现亮色勒印。

图 4-99　席纹

产生原因：

(1) 带钢平整中不均匀延伸产生的金属流动印迹。

(2) 平整辊型曲线小。

(3) 平整辊长度方向温度不均。

危害：影响产品的外观形象，后期冲压时易断裂。

4.13.1.8 振纹

缺陷特征：振动纹呈规则的波纹状，可分布在整个宽度上，特点是在轧制方向上钢带厚度有变化，如图 4-100 所示。

图 4-100 振纹

产生原因：

(1) 由于轧机或平整机的工作辊震动而在钢带表面留下有间距的全宽度的线痕。

(2) 工作辊于研磨时即已产生之震动痕迹，继而转印到钢带表面，一般与轧延方向成某种角度。

危害：影响钢带表面的平整度，影响涂装。

4.13.1.9 折皱

缺陷特征：钢带表面呈凹凸不平的折皱，多发生在 1.0mm 以下的钢带，主要发生在带钢的边部，如图 4-101 所示。

图 4-101 折皱

产生原因：

(1) 带钢跑偏，一边拉伸，另一边产生折皱。

(2) 板形不良，有大边浪或中间浪，带钢过平整机、矫直机或夹送辊时，有浪形处产生折皱。

(3) 矫直机调整不当，变形不均造成。

危害：降低带钢的成材率，影响钢带外观质量，严重的无法正常使用。

4.13.2 冷轧带钢的轧后形状缺陷

4.13.2.1 燕窝（雀窝）

缺陷特征：卷取状态下，内圈向内变形弯曲，且进行重卷以后，变形处存在燕窝印痕，如图 4-102 所示。

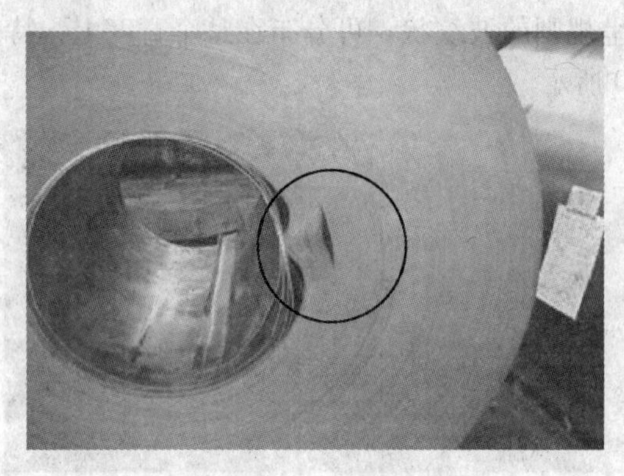

图 4-102 燕窝

产生原因：

(1) 卷取张力控制不当。

(2) 薄料内圈所衬厚板切除后易出现燕窝。

(3) 轧制薄钢板时，成品道次张力不恰当地增大，使外层对内层压力增大，导致内层出现向内径方向突起。

危害：经平整、矫直也不易去除，严重时造成钢板报废。

4.13.2.2 松卷

缺陷特征：钢卷未卷紧，层与层之间有明显间隙的现象称松卷，如图 4-103 所示。

图 4-103 松卷

产生原因：

(1) 卷取张力设定不合理。

(2) 带钢存在严重浪形。

(3) 带钢卷取完毕，卷筒反转。

（4）捆带未打紧、断带或卷冷钢。

危害：影响钢带包装和搬运，严重的松卷无法开卷使用。

4.13.2.3 扁卷

缺陷特征：钢卷呈椭圆形的现象称扁卷，如图4-104所示。

图4-104 扁卷

产生原因：

（1）钢卷在搬运过程中，承受过大的冲击。

（2）钢卷卷取张力偏低，卧卷堆放或多层堆放钢卷。

危害：影响钢带包装和搬运，严重的扁卷无法开卷使用。

4.13.2.4 撞伤

缺陷特征：钢卷边部受到机械损伤，出现不规则的、形状不一的凹陷状，如图4-105所示。

图4-105 撞伤

产生原因：天车使用C形钩或夹具吊卷的时候，操作不当造成钢卷边部撞伤。

危害：可能导致钢带宽度不合，后工序切边不良、断带，甚至无法使用。

4.13.2.5　锯齿边

缺陷特征：没有周期性，钢板边部成锯齿状，严重的成裂口状，如图4-106所示。

图4-106　锯齿边

产生原因：

(1) 酸洗段圆盘剪剪刃钝或剪刃间隙调整不当。

(2) 轧辊的辊型出现较大凸辊型。

(3) 冷轧时压下率设置过大。

(4) 轧制塑性较差的钢种时易出现裂边。

(5) 轧制张力设定过大。

危害：可能导致后序工序加工使用过程中断带。

4.13.2.6　浪形

缺陷特征：在带钢的中部、边部等部位沿长度方向的波浪状缺陷，有中浪、单边浪、双边浪和二肋浪，如图4-107所示。

图4-107　浪形

产生原因：

(1) 沿轧辊轴向辊型不良，导致沿宽度方向出现严重的延伸不均。

(2) 乳化液喷嘴出现局部堵塞，导致轧辊局部出现温度过高。

(3) 热轧带钢断面形状不良。

(4) 辊缝出现楔形。

危害：增加次废品量或改尺，导致镀锌不均。

4.13.2.7　切斜

缺陷特征：剪切后的钢板的长度方向和宽度方向

不垂直的现象称切斜，如图4-108所示。

原因：

（1）飞剪调整不当。

（2）带钢跑偏，前端斜着进入飞剪。

危害：导致钢带部分或全部判废。

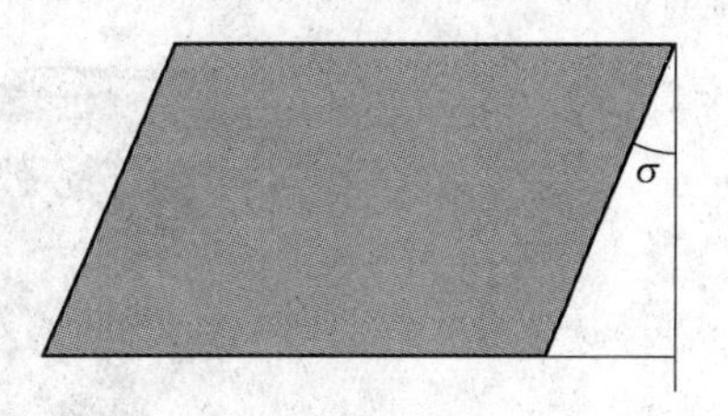

图4-108　切斜

4.14　中厚板成品库质量检查的精细化管理

成品钢板下线入库是生产环节的最后一道工序，从一定意义上说成品库的钢板已经属于客户。按一般的理解，入库的产品应该是不存在任何缺陷的产品，质检员的工作在入库前的质检把关之后也就应该结束了，但在实际生产中发现，由于操作工的质量意识淡薄，在成品钢板的吊运、码垛、装车的过程中缺乏精细化管理，不注重细节控制，往往使钢板发生不必要的二次伤害。这种情况如果得不到足够的重视并采取措施加以控制，则会造成有缺陷的产品被交付给客户使用，为质量异议的发生埋下隐患，从而影响公司的声誉。质检的工作不该只局限于手头的那一点，应该延伸到能看到的每一处，质量意识和行为不能在企业和客户之间出现真空，这样才不辜负质检员的职责。因此，根据多年的现场质量检查经验以及对钢板入库前后过程的观察，本着对质量负责、对客户负责的态度，本节着重提出几点钢板在成品库区流转时所涉及的岗位人员应该注意的问题及一些不太成熟的改进建议，目的是使这些问题最终能够得到控制，从而减少不必要的损失，为客户提供优质的产品。

4.14.1　需要关注的问题

4.14.1.1　火切渣瘤清理不净

由于设备能力有限，公司的圆盘剪只能剪切厚度小于等于22mm的钢板，22mm以上的钢板需要火切定尺，数量在20%左右，随之而来的就是火切渣瘤的问题。产生渣瘤是火切过程中不可避免的过程，但文件规定渣瘤必须在钢板入库前清理干净，因为渣瘤的存在不仅影响钢板的外观质量，还会造成板形及表面质量的下降，各种渣瘤的影响，如图4-109~图4-111所示。

图4-109　渣瘤影响外观质量

图 4-110　渣瘤塞入板间造成钢板变形

图 4-111　渣瘤影响表面质量（来源于质量异议）

4.14.1.2　钢板吊伤

常用的钢板吊运工具有钢丝绳、磁盘吊和 C 形钩，钢丝绳在建厂初期使用过，因其稳定性差、安全性差、容易勒伤钢板而被淘汰。目前某公司采用的是磁盘吊和 C 形钩，用磁盘吊可以很好地保护钢板，但一次起吊量有限，效率不高，C 形钩一次则可以起吊多张钢板，但对钢板边部有一定的损伤（见图 4-112），尤其是薄钢板。这是因为使用的 C 形钩比较薄，厚度约 30mm，与钢板边部的接触面积很小，如图 4-113 所示。

图 4-112　钢板边部吊伤

图 4-113　某公司使用的 C 形钩

4.14.1.3　钢板下线不齐

目前，现场钢板下线入库的顺序是：剪切或火切完成的钢板经检验合格后用磁盘吊逐张摞放在一起，当达到一定数量（总重量不超过 10t）以后再一起用 C 形钩吊至成品库垛位码放，一起吊运的这几张钢板统称为一钩，如图 4-114 所示。

图 4-114　一钩钢板

如果这一钩钢板在下线逐张摞放时边部或头尾没有对齐，就会形成以下隐患：

（1）边部不齐的隐患。边部不齐的一钩钢板在起钩时如果防护不当，就会使边部伸出的部分独自承重，如图 4-115 所示，结果必然钩伤，如图 4-116 所示。

（2）头尾部不齐的隐患。每钩钢板头尾不齐造成的损伤在某公司成品库没有体现，因为头尾部并不参与起吊落钩，但在这里提出来的目的是要提醒大家注意装船时的损伤。某公司的出口板和大多数船板需要船运发往客户，在装船时由于船舱空间有限，为了尽可能多装货，钢板进舱时码放间隔很小，仅留吊装间隙，这样一来，如果头尾不齐，在钢板进、出舱时就会因为剐碰而造成钢板损伤，如图 4-117 所示。如果头尾对齐就会避免这种情况。

4.14.1.4　钢板在过跨车上码放不当

某公司厂房分 AB、BC、CD 三跨，成品库在 BC 跨，主生产线下线的成品钢板可以通

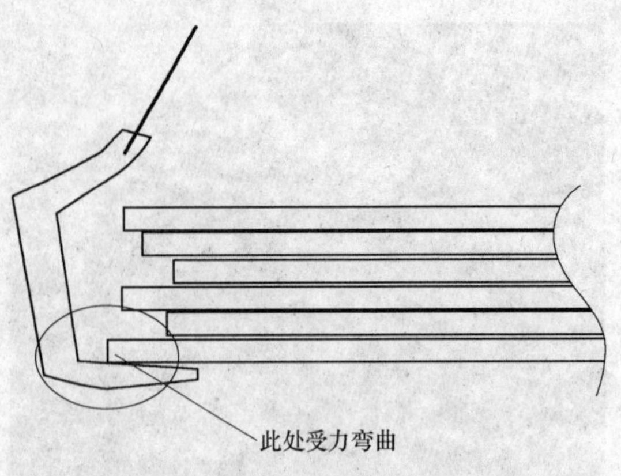

图 4-115　边部不齐钢板的起吊受力图

图 4-116　边部不齐造成的钩伤

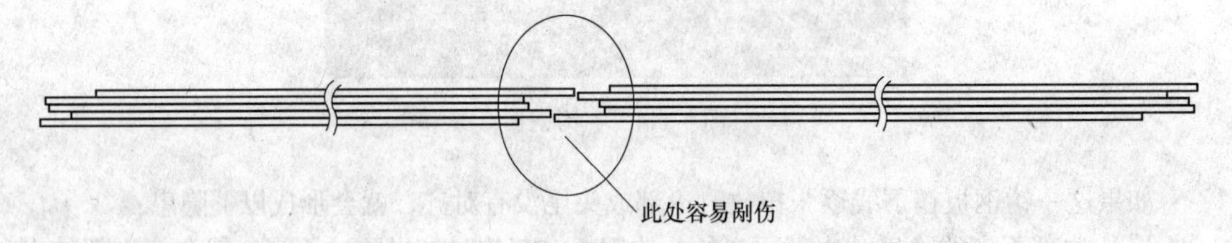

图 4-117　头尾不齐发生干涉容易造成剐碰伤害

过龙门吊直接移送至 BC 跨（有时也用过跨车），但火切线（CD 跨）的成品钢板入成品库时必须要通过过跨车运送，如图 4-118 所示。

钢板在过跨车上码放时如果不注意方式，垫木乱放，同样会对板形造成二次伤害，如图 4-119 中下面压弯的钢板。

4. 14. 1. 5　成品入垛码放不当造成钢板压弯

成品入垛以后的码放是非常关键的，每一垛都由十几钩甚至几十钩钢板组成，每钩之间由垫木隔开，如果垫木使用不当，就会造成钢板受压变形，图 4-120～图 4-123 是几种典型例子。

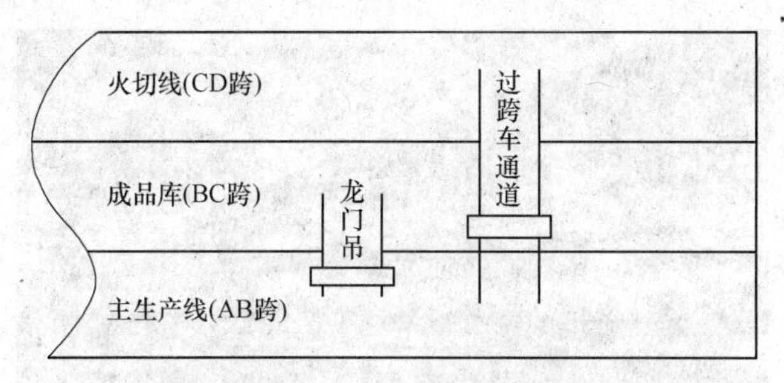

图 4-118　车间跨区示意图

图 4-119　装车不当造成钢板压弯

图 4-120　垫木错位、高度不够造成钢板压弯

图 4-121　垫木缺失造成钢板压弯

图 4-122　垫木杂乱造成钢板压弯

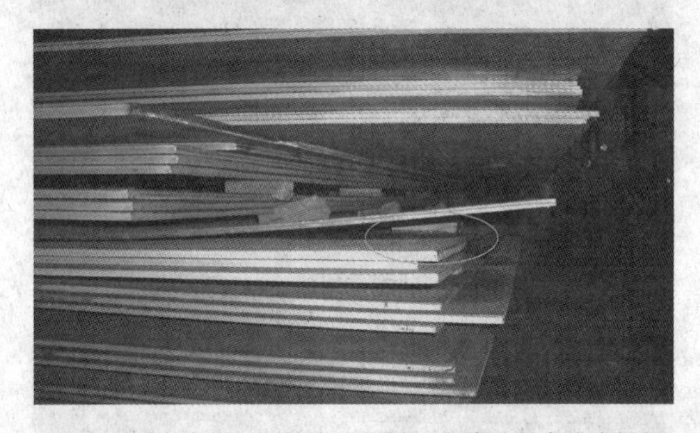

图 4-123　不同宽度钢板码放在一起时垫木放置不当造成钢板压弯

4. 14. 1. 6　装车不当造成钢板压弯

汽车运输钢板，路途有远有近，路况有好有坏，即使发货前的工作都做到位了，装车时如果不注意垫木的使用，钢板也会受压变形，如图 4-124 所示。

图 4-124　装车时垫木使用不当造成钢板压弯

4. 14. 2　已采取的措施

针对以上几种问题，采取了相应的措施，收到了显著的效果，分述如下：

（1）说到底，渣瘤问题就是责任心的问题，没有任何技术难度。因此，部里加大了检查、考核力度，严格控制火切渣瘤的影响，要求入库钢板不允许残留任何形式、任何大小的渣瘤。对此，火切岗位专门制作了清渣工具，目前，这一问题已经得到了彻底解决。

（2）针对钢板吊伤的问题，建议成品库用槽钢制作了简易的护具，用以吊运钢板时保护边部，如图 4-125 所示。

图 4-125 用槽钢做的钢板吊运护具

这种护具试用以后效果很好，得到推广，确实解决了边部钩伤的问题，但这种护具又有其不可回避的缺点：

1）操作时需要一手扶持护具，一手扶持吊钩，既费时费力又容易挤伤手指。

2）护具挂住后容易脱落。

3）当一钩钢板片数较多或较少时，总厚度超过或不足护具开口时，护具均无法正常使用，操作工不得不如图 4-126 所示的那样使用。

图 4-126 护具的不当使用

这样使用会在两点（见图 4-126 圈定位置）对钢板造成挤压，严重时造成硌伤，另外，这样使用时护具更容易滑落，更加危险。

（3）针对钢板下线不齐的问题，建议部里要求车间制作了专用挡铁，用以对齐钢板，如图 4-127 所示。这一措施也很好地解决了不齐的问题。

（4）针对过跨、入垛垫木码放不当造成钢板压弯的问题，制定了文件，对垫木的间距、排数作了具体的规定，并要求每排垫木在横向、竖向上必须保持在一条直线上，如图 4-128 所示。措施实施后，乱用垫木的情况得到了制止，钢板压弯的情况也基本消除。

图 4-127　下线挡铁

图 4-128　良好的码垛

4. 14. 3　进一步改进方案

A　改进护具

解决现有护具的不足之处，设计方案如图 4-129 所示。这种护具有很大的开口度，可以满足现有所有厚度的单钩钢板，即使是一张薄板也可以通过弹簧的作用使护具牢牢卡住，不会脱落；另外，安放护具和扶钩操作可以分开，可以避免安全事故的发生。

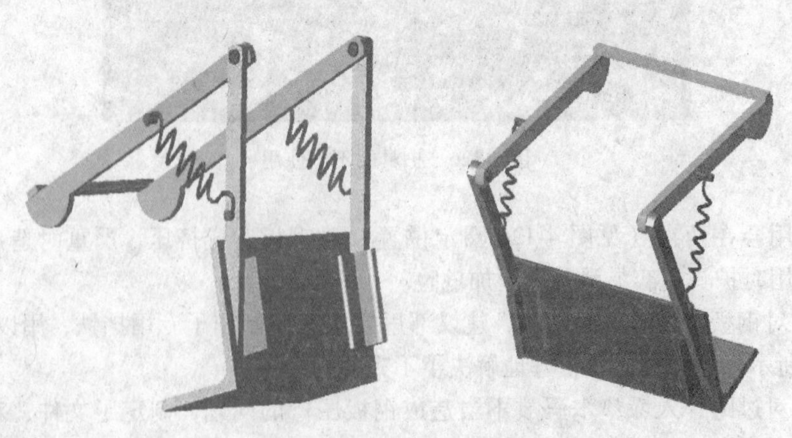

图 4-129　护具改进方案

B 改进车底垫木

为了保护钢板和方便装卸，要求钢板装车时，垫木码放要和成品库中的要求一致。但经调查，现有汽车车底使用的垫木长短不一、大小不一，为了防止丢失，垫木又被车主牢牢钉死在车底上，无法随着成品垛内的垫木间距来调整位置，这是造成装车钢板压弯的根本原因，对此，提出第二项改进方案如下：

（1）统一车底所用的垫木规格，车底垫木截面为矩形，且各边长应不小于150mm，垫木长度等同于车厢宽度。

（2）车底垫木采用活动形式，这样就可以根据钢板垫木的位置进行灵活调整，确保每列垫木均在一条直线上。

（3）不允许存在车底垫木过短或过长倾斜使用的情况，以便消除因垫木错位导致的钢板变形。

（4）为了防止丢失，车底垫木两端可钉入铁环，并用铁链相连，这样可同时满足灵活移动和防丢失的要求。

改进后的装车示意图应如图4-130所示。

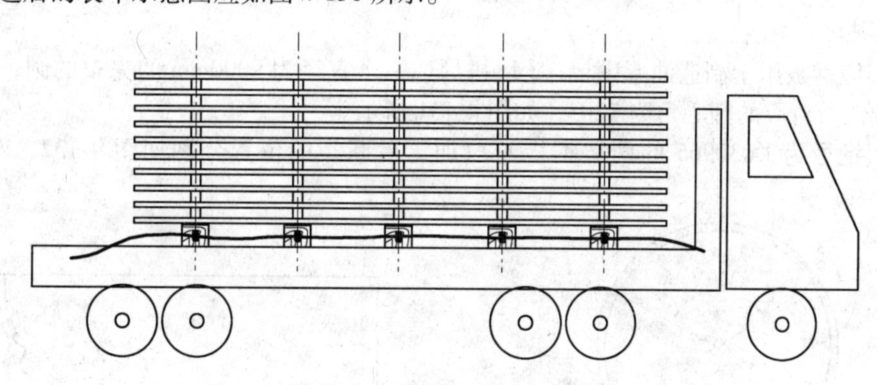

图4-130 改进后的装车示意图

成品钢板是经过了前若干工序的辛苦劳动才形成的，凝结了公司全体员工的汗水，是要直接交付给客户的承诺，不允许后期有任何形式的二次伤害。实践证明，只要心中装着客户、装着质量、关注细节、用心控制、积极地想办法，是能够达到保证产品优质、保证客户满意的目的的。

4.15 处理质量异议的关键——为终端客户提供质量服务

在现实的生产经营活动中，任何一个企业、任何一种产品，都有可能在终端客户的使用过程中出现质量方面的异议，而作为质检员，自然会有很多的机会去直接面对异议的处理。然而，很多企业或质检人员在处理质量异议时不注重对终端客户的服务意识，只是片面地从产品合格与不合格、本公司利益是否受损失的角度去考虑和处理，结果往往是两败俱伤，或者本公司满意了，客户却难以接受，心存不满，这对公司的长远发展来说是非常不利的，尤其销售环境是买方市场的时候，客户会因不满而离开。

其实，在每一个客户心中都会把供货商按照产品质量、服务质量等指标有意无意地进行分类，首选供货商、可选供货商、应急供货商、不可选供货商等，成为首选供货商才是不懈追求的目标，而利用一切机会为终端客户提供质量服务是实现这一目标至关重要的一环。由此，质量异议的处理也就成了一个敏感而关键的过程，在处理时尽可能地为终端客户提供恰当的质量服务对双方的利益都有着重要的意义。

4.15.1　终端质量服务在典型质量异议中的实践案例

4.15.1.1　案例一　钢板卷曲加工断裂质量异议

该质量异议发生在锦西某化工设备制造厂，涉及的产品是 Q345B，规格为 60mm×2000mm×9450mm，数量共 9 片，其中 5 片批号为 D030965，4 片批号为 D030966。该厂反映，批号为 D030965 的两块钢板卷取加工后断裂。

面对质量异议，无论是谁去处理，最关键的一点就是首先要抱着公平、公正、是为客户去服务而不是去试图说服客户这样一种心态，平等地与客户沟通，这是对处理人员最基本的素质要求。其实，在动身之前，已经查询了该钢板的所有检验数据，并无任何不合格记录，但钢板在终端客户处的使用情况千差万别，出厂前的检验合格并不代表着在某种特殊的使用条件下一定不会出现问题，因此，科学、严谨的现场调查是非常必要的。

A　现场调查

(1) 该钢板用于制造油罐围板，3 块拼焊成一个直径为 9000mm 的完整的圆，单张钢板卷取成弧所对应的圆心角为 120°，如图 4-131 所示。

(2) 批号为 D030965 的两块钢板卷取加工后断裂的位置分别如图 4-132、图 4-133 所示。

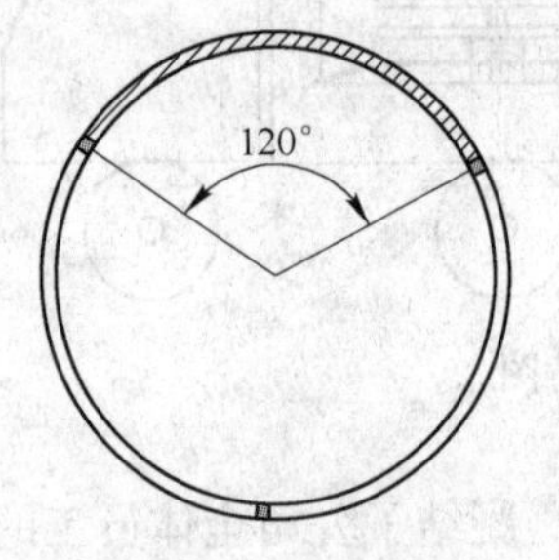

图 4-131　油罐围板

图 4-132　钢板卷取加工后断裂的位置 1

(3) 其余未加工的 7 块钢板存放于室外露天库，钢板周围被积雪覆盖，当地环境温度为-30℃。

(4) 卷取采用三辊卷取机来完成（见图 4-134），但却没有卷取操作工艺，卷取压下量和压下道次全由操作人员凭感觉自行操作，只要最终达到要求的弧度就算完成，检验工具是一块用三合板制作的长 1000mm 的弧线检定样板，如图 4-135 所示。

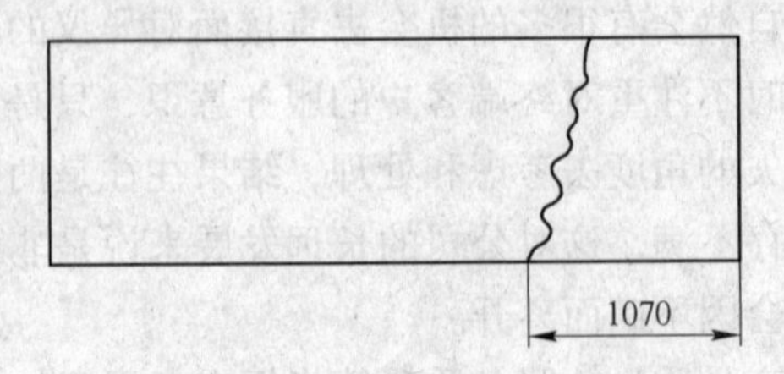

图 4-133　钢板卷取加工后断裂的位置 2

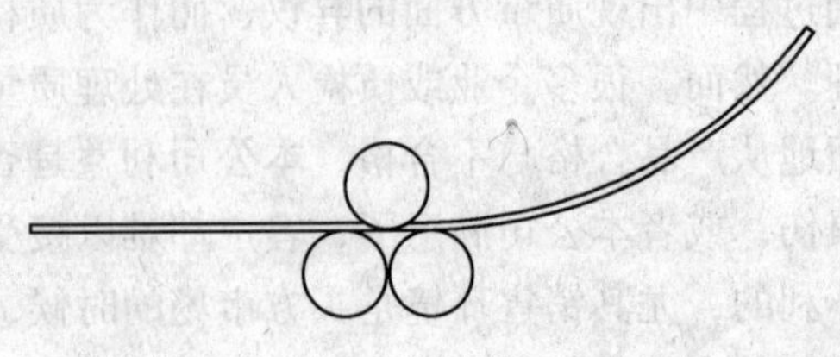

图 4-134　三辊卷取机

(5) 钢板直接由室外运进车间，直接进行卷取操作。

至此，现场调查工作结束。

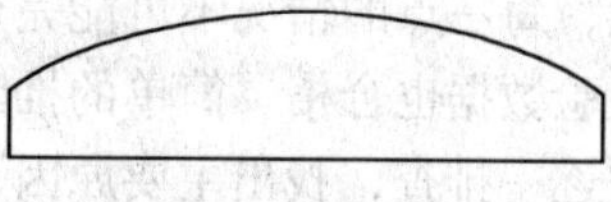

质量异议的处理者，肩负着双方的利益，既要依据客观事实维护本公司的利益，又有义务通过细致的服务保证客户的利益。因此，凭主观臆断草率地确定造成质量异议的原因是处理过程的大忌，必须在现场调查的基础上，与客户一起平等地、运用科学的方法和态度认真分析产生问题的原因。

图 4-135 检定样板

B 可能产生卷取加工断裂的原因分析

(1) 钢板加工前表面就存在裂纹。如果钢板表面在加工前就存在裂纹，无论裂纹大小，都将是应力集中点，在后续的加工过程中，所施加的外力会集中在该裂纹处，并迅速扩展开来，形成以上的结果。

(2) 化学成分不符合标准。如果钢板的化学成分出现异常，也会间接地导致出现上述结果，比如碳、锰含量过高，就会使钢板的强度显著提高，韧性下降。磷、硫含量过高，也会因其形成的化合物杂质聚集在晶界处而使韧性变差，尤其是磷的影响最为显著，它是引起钢板冷脆的主要原因。

(3) 力学性能不符合标准。如果强度指标不合格，那么钢板就容易在卷取的过程中过早地屈服和断裂；因为卷取的过程是下表面受拉应力的过程，伸长率过低或冷弯试验不合格，则在卷取过程中极易出现断裂；冲击指标不合格则说明钢板承受冲击载荷的能力不足。任何一项性能指标的不合都有可能影响加工结果。

(4) 钢板内部存在严重夹杂。钢水在冶炼的过程中如果工艺控制不当，会留下各类型的非金属夹杂物，这些夹杂物会最终表现在钢板中。其实，对于钢材来说，夹杂物就等于微裂纹，在外力作用下，断裂的发生往往就是从夹杂物处开始形成裂纹源，然后逐渐扩展而形成的。

(5) 卷取加工压下量、压下道次分配不合理。钢板内部总是不可避免地存在着不同类型和不同程度的缺陷，当钢板受到较大的载荷作用时，钢结构脆性破坏的可能性会增大，因此，卷取加工也要遵循合理的工艺，包括卷取道次和每道次的压下量，让钢板在适应的条件下逐渐成型，急于求成的操作方法会使钢板难以承受巨大的载荷。

(6) 产品有点线状不平度凹凸造成某点承压过大。即使卷取工艺没有问题，压下量和压下道次都很合理，但如果在钢板某点存在点线状不平度凹凸，则卷取到该点时会使应力突然增大，造成钢板的断裂，甚至会造成设备的损坏。

(7) 钢板温度偏低造成低温脆断。由于钢板中或多或少存在着各种缺陷，由于它们都是微裂纹的根源，又由于低温下钢材的延展性能会下降，所以当温度在0℃以下，随温度降低，钢板塑性和韧性降低，脆性增大。尤其是当温度下降到某一温度区间时，钢板的韧性值急剧下降，裂纹扩展，出现低温脆断。因此，在低温下工作的钢材应采取适当的保温措施。

至此，原因分析结束。

通过分析，找到了可能造成钢板卷取断裂的几种原因，其中既有钢板本身的，也有客户加工过程中的，如何最终确定主要原因事关质量异议的最终责任判定。对此，有些人往往根据钢板出厂前的检验结果果断地推定就是客户的责任，从而不再提自身的问题。当然，出厂前的检验结果不是不可以参考，但不能作为唯一的证据，因为钢板的几何尺寸很大，每一点的情况不可能完全一样，出厂前取样位置的检验数据合格并不能证明断裂处的检验数据也合格。简单的推断是缺乏科学性和平等性的，客户也不会满意。因此，帮助客户逐一排查，找出主要原因是非常重要的。

C　确定主要原因

（1）通过检查，发现钢板断裂处并没有表面裂纹缺陷，排除了由于钢板加工前断裂处表面有裂纹造成卷取断裂的可能。

（2）要求从断裂处取样进行化学成分检验，在断裂处取样位置如图 4-136 所示。

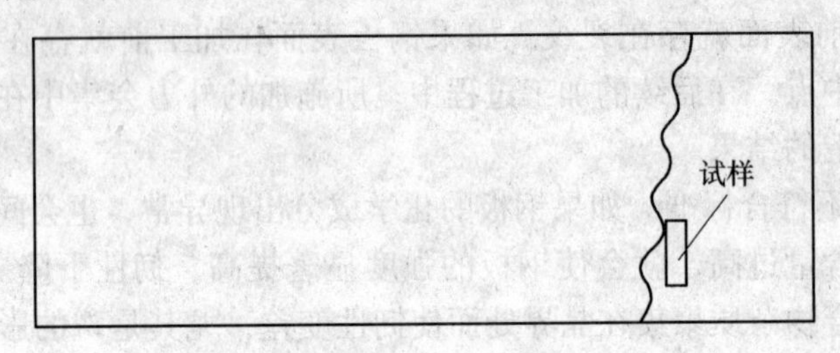

图 4-136　取样位置

试验结果见表 4-7（同一炉号）。

表 4-7　试验结果

项 目	w(C)/%	w(Si)/%	w(Mn)/%	w(P)/%	w(S)/%
标准值	≤0.2	≤0.55	1.00~1.60	≤0.040	≤0.040
试验一	0.18	0.19	1.38	0.036	0.020
试验二	0.18	0.20	1.39	0.035	0.021

从试验上看，没有发现断裂处的成分出现异常。因此，排除了因化学成分不合造成断裂的可能性。

（3）对试样进行力学性能检验，结果见表 4-8。

表 4-8　力学性能检验结果

项　目	屈服强度 /MPa	抗拉强度 /MPa	伸长率 /%	冲击功 (+20℃)/J			冲击功 (-20℃)/J			冷弯
标准值	≥275	470~630	≥21	34			不要求			合格
试验一	340	505	30	47	50	49	27	25	17	合格
试验二	345	510	29	52	50	54	14	23	27	合格

从试验结果上看，该钢板的性能储备值还是非常高的，也就是说，按照 Q345B 的标准来衡量，这批钢板的性能指标是很好、很安全的，但不适合于 0℃以下使用。因此排除了性能不合格造成断裂的可能。

（4）超声波探伤检验。经过对问题钢板进行超声波检验，结果显示钢板断裂处无内部夹杂缺陷，排除了由于钢板内部存在严重夹杂造成卷取断裂的可能。

（5）经检查，钢板表面无点线状不平度凹凸，排除了因此造成局部承压过大发生断裂的可能。

（6）因卷取加工过程中无工艺规程指导，钢板的受力特点及受力要求没有被考虑，加工过程中的少道次大压下量违背了低温加工规律，认为这是主要原因之一。

（7）钢板室外露天存放，周围有积雪，当地最低温度-30℃左右，造成钢板在如此低温下的韧性显著下降，脆性增大，再加上卷曲加工前和加工中没有采取任何保温措施，最终造成低温断裂。因为客户制造的设备是在室温下使用的，所以没有采购高级别的钢种，然而，将低级别钢在只有高级别钢才能适应的苛刻环境中加工是非常不利的。因此，认为低温存放、低温加工是主要原因之二。

找到的主要原因得到了客户的认可，客户承认以前并不了解这方面的知识。

按照常规做法，事情处理到这一步就应该结束了，作为供货方，质量异议处理任务也应该结束了，但是，作为质量人员，有义务把服务工作切切实实地延伸到客户，帮助客户解决加工中的实际问题，于是向其提出了以下改进建议。

D 现场改进建议

（1）钢板移至室内保温存放。

（2）针对冬季温度低制定相应的压下工艺，采取多道次、小压下量的操作工艺。

E 效果验证

最终客户接受了以上建议，剩余7块钢板最终卷曲全部合格，客户欣喜不已。

4.15.1.2 案例二 容器罐封头内表面麻点缺陷质量异议

案例中，客户先将原钢板下料成两个半圆，然后对焊成一个完整的圆，再利用旋压机旋压成容器罐的半球形封头，问题就发生在边缘，出现一圈明显的麻点，封头展开及缺陷位置如图4-137所示。

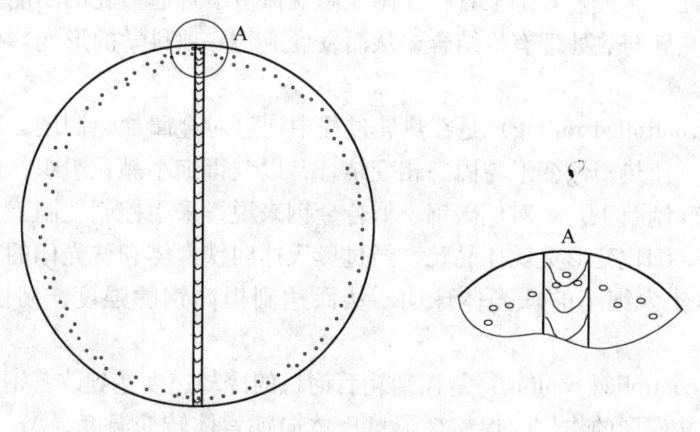

图4-137 封头展开及缺陷位置

如同案例一，经过现场调查、原因分析、主因确认，最终找到了造成麻点的原因所在：是因为用于旋压的球体模具上有凹凸缺陷，位置、形状均与封头构件上的麻点一致，并且封头构件焊口处同样出现了同种缺陷，单凭这一点就充分验证了分析结果。

最后，提出了改进建议，将球体模具上的凹凸打磨平滑后再做试验，结果麻点缺陷再没有出现，客户非常满意。

4.15.2　终端质量服务理念在质量异议中实践后的收获

经过诸多案例中的实践过程，拉进了客户与生产厂之间的关系，消除了客户对生产厂的误解，把矛盾变成了一种技术交流，促进了双方的共同提高。这一实践把质量的含义提高到了一个新的层次，它不再是简单的合格与不合格；它把质检的执行标准推进到了“客户满意为最终标准”这一更高水平；它把质检的预防职能扩展到了预防质量异议、预防客户损失这一广义的职能上来；它把客户的不满最终转变为客户发自内心的满意。

海尔成功的秘诀不仅是因为其过硬的产品质量，还有其举世公认的金牌服务。生产者是船，客户是水。实践表明，在处理质量异议的过程中，只要不断地提高自身素质，端正心态，时刻拥有着为终端客户提供质量服务这一意识，就会圆满地处理好问题，赢得客户的满意和无怨无悔的选择。如此，对于企业做强做大、扬帆远航才有重要的实际意义。

4.16　控制轧制与控制冷却

控制轧制和控制冷却工艺是一项节约合金、简化工序、节约能源消耗的先进轧钢技术。它能通过工艺手段充分挖掘钢材潜力，大幅度提高钢材综合性能，给冶金企业和社会带来巨大的经济效益。由于它具有形变强化和相变强化的综合作用，所以既能提高钢材强度又能改善钢材的韧性和塑性。

长期以来作为热轧钢材的强化手段，或是添加合金元素，或是热轧后进行再热处理。这些措施既增加了成本又延长了生产周期；在性能上，多数情况下是在提高了强度的同时降低了韧性及焊接性能。控制轧制与普通热轧不同，其主要区别在于它打破了普通热轧只求钢材成型的传统观念，不仅通过热加工使钢材得到所规定的形状和尺寸，而且要通过钢的高温变形充分细化钢材的晶粒和改善其组织，以便获得通常需要经常化处理后才能达到的综合性能。因此，从工艺效果上看，控制轧制既保留了普通热轧的功能，又发挥出常化处理的作用，使热轧与热处理有机结合，从而发展成为一项科学的形变热处理技术和节省能源的重要措施。

控制轧制（controlled rolling）是在热轧过程中通过对金属加热制度、变形制度和温度制度的合理控制，使热塑性变形与固态相变结合，以获得细小晶粒组织，使钢材具有优异综合力学性能的轧制新工艺。对低碳钢、低合金钢来说，采用控制轧制工艺主要是通过控制轧制工艺参数，细化变形奥氏体晶粒，经过奥氏体向铁素体和珠光体的相变，形成细化的铁素体晶粒和较为细小的珠光体球团，从而达到提高钢的强度、韧性和焊接性能的目的。

控制冷却（controlled cooling）是控制轧后钢材的冷却速度达到改善钢材组织和性能的新工艺。由于热轧变形的作用，促使变形奥氏体向铁素体转变温度（Ar_3）提高，相变后的铁素体晶粒容易长大，导致力学性能降低。为细化铁素体晶粒，减小珠光体片层间距，阻止碳化物在高温下析出，以提高析出强化效果而采用控制冷却工艺。控制轧制和控制冷却相结合能将热轧钢材的两种强化效果相加，进一步提高钢材的强韧性和获得合理的综合力学性能。

由于控轧可得到高强度、高韧性、良焊接性的钢材，所以控轧钢可代替低合金常化钢和热处理常化钢做造船、建桥的焊接构件、运输、机械制造、化工机械中的焊接构件。目前控轧钢广泛用于生产建筑构件和生产输送天然气和石油的大口径钢管。

Nb、V、Ti 元素的微合金钢采用控制轧制和控制冷却工艺将充分发挥这些元素的强韧化作用，获得高的屈服强度、抗拉强度、很好的韧性、低的脆性转变温度、优越的成型性能和较好的焊接性能。

根据控制轧制和控制冷却理论和实践，目前，已将这一新工艺应用到中高碳钢和合金钢的轧制生产中，取得了明显的经济效益。

但控制轧制也有一些缺点，对有些钢种，要求低温变形量较大。因此加大轧机负荷，对中厚板轧机单位辊身长度的压力由 1t/mm 现加大到 2t/mm。由于要严格控制变形温度、变形量等参数，所以要有齐全的测温、测压、测厚等仪表；为了有效地控制轧制温度，缩短冷却时间，必须有较强的冷却设施，加速冷却速度，控制轧制并不能满足所有钢种、规格对性能的要求。

4.16.1 控制轧制

提高钢的强度、韧性、延展性、加工性能以及使用寿命是 21 世纪钢铁工业的主要奋斗目标之一。

传统方法是通过提高钢中合金元素总量来达到目的，其主要的缺点是不仅会对冶炼工艺及设备提出更高的要求，而且会大大增加炼钢生产的成本，而得到的结果往往是只能提高材料某一方面的性能。

20 世纪末期，提出新一代钢铁材料（超级钢）概念并进行了有效的研发。主要是通过控制钢的微合金化、显微组织形态、固态相变和晶粒细化等方法来实现，这些方法中的核心技术就是晶粒细化。晶粒细化的优势是如果将晶粒细化一个数量级，钢铁材料的强度可提高一倍，同时仍然保持良好的塑性和韧性。

4.16.1.1 控制轧制的概念

控制轧制是在适当调整钢的化学成分的基础上，通过控制诸如加热温度、轧制温度、变形制度等工艺参数，控制奥氏体状态和相变产物的组织状态，从而达到控制钢材组织性能，提高钢材的力学性能和工艺性能的目的。

为了提高低碳钢、低合金钢和微合金化钢的强度和韧性（综合性能），特别是低温性能，通过控制轧制细化奥氏体晶粒或增多奥氏体晶粒内部的变形带，即增加有效晶界面积，为相变时铁素体形核提供更多、更分散的形核位置，得到细小分散的铁素体和珠光体或贝氏体组织。

A 晶粒大小与性能的关系

金属结晶后是由许多晶粒组成的多晶体，金属的晶粒的大小可以用单位体积内的晶粒数目来表示，数目越多，晶粒越细小。

为了测量方便，常以单位截面上晶粒数目或晶粒的平均直径来表示。实验表明在常温下细晶粒金属比粗晶粒金属具有更高的强度、硬度、塑性和韧性。这是因为细晶粒受到外力发生塑性变形时，其塑性变形可分散在更多的晶粒内进行，塑性变形均匀，应力集中较小。此外，晶粒越细，晶界越多，晶界越曲折，越不利于裂纹的扩展。

晶粒越细小，则钢的屈服强度和断裂强度越高；脆性转变温度越低，低温韧性越好。所以说，控制轧制的核心是晶粒细化。

B 控制轧制的优缺点

(1) 可以在提高钢材强度的同时提高钢材的低温韧性。如在钢中加入微量的铌（Nb）后，仍采用普通热轧工艺生产时，-40℃的冲击韧性（a_k）值会降到78J以下；而使用控轧轧制生产工艺时，-40℃的冲击韧性（a_k）值会提高到628J以上。

在普通热轧工艺条件下，低碳钢的铁素体晶粒度一般达到7~8级，经过控制轧制工艺，低碳钢的铁素体晶粒度可以达到12级以上（ASTM标准），通过细化晶粒可同时达到提高强度和低温韧性是控制轧制的最大优点。

(2) 可以充分发挥铌、钒、钛等微量元素的作用。铌加入钢中可以起到沉淀强化的作用，结果是强度提高但韧性变差，交货前还要进行热处理进行韧性调整。

如对加铌钢采用控制轧制，则铌将产生显著的晶粒细化作用和一定的沉淀强化作用，使得钢材的强度和韧性同时得到很大的提高。

钛的加入能起到细化加热时奥氏体晶原始粒度的作用，但在普通热轧条件下不能细化热轧变形过程中的奥氏体晶粒，仍然得不到强度和韧性双提高的效果。

当采用控制轧制时，钛就可以起到沉淀强化和细化晶粒的双重作用，中等程度的晶粒细化（约25%）就可以提高钢的低温韧性。

需要注意的是，合金通过相变得到的合金元素与基体元素的化合物引起合金强化，为沉淀强化。

(3) 控制轧制的缺点如下：

1) 控制轧制要求较低的轧制变形温度和一定的道次压下率，提高了轧制时的轧制压力，增加了轧机的轧制负荷。

2) 在没有控温条件下，轧制过程中待温时间比较长，导致生产率下降。

3) 以现有的研究成果，控制轧制并不是对所有的钢种都有效，主要应用于结构类钢材。

4.16.1.2 控制轧制的类型

根据轧制过程中变形奥氏体的再结晶状态的不同、相变机制不同，控制轧制可以分为3种类型：

(1) 在奥氏体再结晶区的控制轧制称为奥氏体再结晶型控制轧制。

(2) 在奥氏体未再结晶区的控制轧制称为奥氏体未再结晶型控制轧制。

(3) 在奥氏体和铁素体两相区的控制轧制称为两相区控制轧制。

A 高温控制轧制

高温控制轧制又称奥氏体再结晶区控制轧制，I型控制轧制。高温控轧是将钢加热到奥氏体温度后，在再结晶温度以上轧制变形与再结晶不断交替发生，使得奥氏体晶粒不断得到细化，然后急冷进行相变，巩固细化的晶粒。这一阶段的温度一般在900℃以上，如图4-138所示。

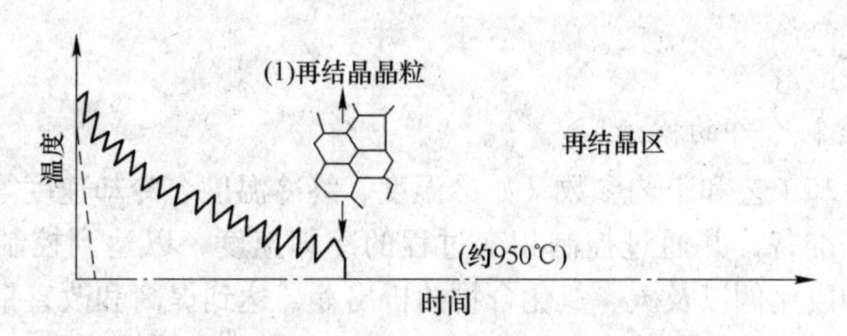

图 4-138 奥氏体再结晶区控制轧制示意图

B 低温控制轧制

低温控制轧制又称奥氏体未再结晶区控制轧制，也称Ⅱ型控制轧制。

在此区控制轧制，奥氏体晶粒沿轧制方向伸长，在奥氏体晶粒内产生了许多形变带，变形后没有再结晶发生。

伸长的奥氏体晶粒晶界面积增大，提高了铁素体的形核密度，形变带的存在起到了与晶界面积增加相同作用，进一步促进了相变后的铁素体晶粒细化。这一阶段的温度一般在900℃至 Ar_3，如图 4-139 所示。

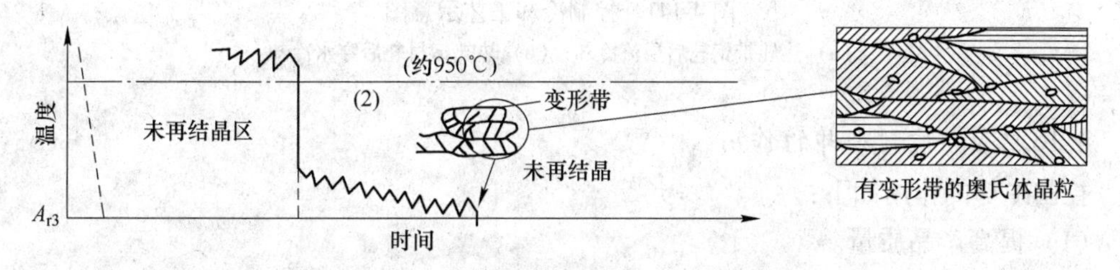

图 4-139 奥氏体未再结晶区控制轧制示意图

C （γ+α）两相区控制轧制

在（γ+α）两相区进行轧制，使未相变的奥氏体晶粒更加伸长，在晶粒内部形成新的形变带；另一方面，在已相变的铁素体晶粒受到压下时，在晶粒内形成亚结构。

在后续的相变后，形成一种多边形铁素体晶粒与亚晶粒相混合的组织，这种带有亚晶的混合组织将使得钢材的强度升高，脆性转变温度下降，如图 4-140 所示。

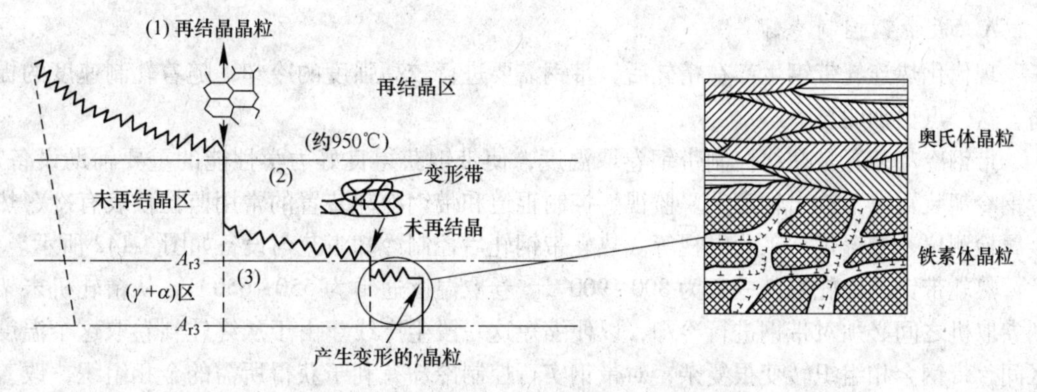

图 4-140 奥氏体未再结晶区控制轧制示意图

4.16.2 控制冷却

4.16.2.1 控制冷却的概念

通过对轧后冷却工艺和工艺参数（始冷温度、终冷温度、冷却速度等）的选择与合理控制，为相变做好准备，并通过控制相变过程的冷却速度，以达到控制钢材内部组织状态、各种组织的构成比例以及碳、氮化合物的析出等，达到提高和改善钢材的综合力学性能和工艺性能的目的。控制冷却工艺如图 4-141 所示。

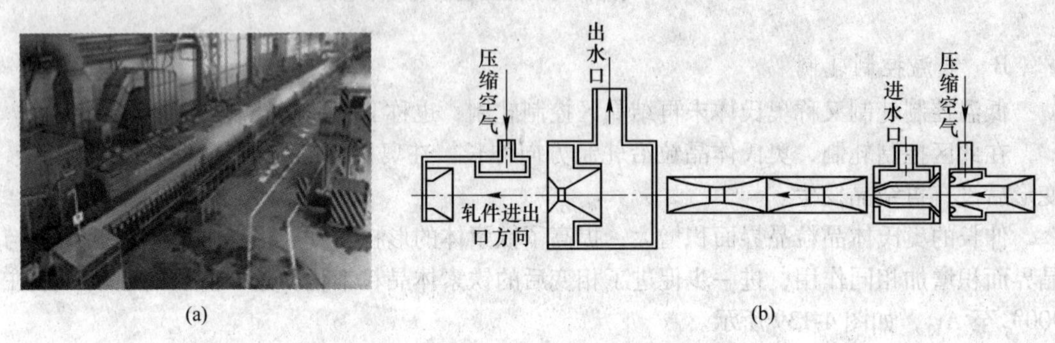

图 4-141 控制冷却工艺示意图

（a）热轧带钢轧后层流冷却；（b）热轧棒材轧后穿水冷却

4.16.2.2 控制冷却的作用

控制冷却的作用如下：

（1）提高产品质量。

1）力学性能。提高强度，改善韧性。

2）工艺性能。提高焊接性能，提高成型性能。

3）组织与结构。细化晶粒，增强组织的分散度，可获得多相组织结构。

4）表面质量。减少氧化铁皮，无表面脱碳。

（2）降低生产成本。节省合金成分，节约能源，简化工艺流程，提高成材率。

（3）增加社会效益。减轻设备和结构件重量，节省自然资源，减少环境污染。

4.16.2.3 控制冷却的方法

A 板带钢控制冷却

现代化热连轧带钢生产在精轧后，带钢需要进行较高强度的冷却，随着轧制速度的提高，这一点更加明显。

带钢冷却装置是在线控制带钢卷取温度，使带钢获得良好力学性能的重要辅助设备，带钢冷却装置位于输出辊道上。监视、控制辊道和带钢冷却装置的常用监控仪表有冷、热金属检测仪、测温仪、工业电视等。热轧带钢轧后控制冷却工艺与设备如图 4-142 所示。

热轧带钢的终轧温度一般为 800~900℃，卷取温度通常为 550~650℃，从精轧机末架到卷取机之间必须对带钢进行冷却，以便缩短这一段生产线。由于从终轧到卷取这个温度区间，带钢金相组织转变很复杂，对带钢实行控制冷却有利于获得所需的金相组织，改善和提高带钢力学性能。

图 4-142　热轧带钢轧后控制冷却工艺与设备示意图
（a）层流冷却示意图；（b）层流冷却设备图

板带钢冷却的方法主要有压力喷射冷却、层流冷却、水幕冷却、气雾冷却、喷淋冷却、板湍流冷却、水-气喷雾法冷却和直接淬火等。

B　线材控制冷却

线材冷却的方式有两大类，即自然冷却和控制冷却。

a　自然冷却

自然冷却方式是指旧时线材生产轧制完毕的线材，经卷取机卷成盘卷，放置在运输辊道上，在运动的过程中自然冷却，一般不加以其他辅助或强制手段帮助冷却。线材自然冷却温度范围如图 4-143 所示。

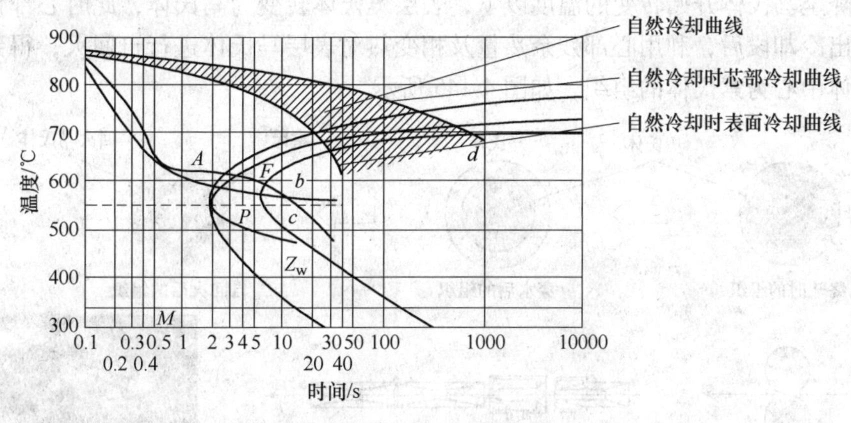

图 4-143　线材自然冷却温度范围示意图

优点：设备简单，投资小，占地面积不大。

缺点：位于盘卷内、外的线材冷却条件不一致，造成线材性能不均，金相组织不理想，力学性能下降，氧化铁皮生成量大，且多为 Fe_2O_3 和 Fe_3O_4，不易溶于酸，对后续处理不利，对高碳钢易于产生脱碳。

盘卷重量越大，这些缺点越显著。

b　控制冷却

线材的控制冷却是人为地使用某些设备来控制线材冷却时在不同阶段的冷却速度，达到控制金属相变，得到所想要得到的金属内部组织的冷却方式。

线材控制冷却基于想得到有利于二次加工所需的组织和性能，一般分为珠光体型控制冷却和马氏体型控制冷却两种类型。

（1）珠光体型控制冷却。珠光体型控制冷却是为了得到有利于拉拔的索氏体组织，将1000℃左右的线材通过水冷区急冷至相变温度，加工硬化效果被部分保留，破碎的奥氏体晶粒成为珠光体和铁素体的结晶核心，这样使珠光体和铁素体细小，然后减慢冷却速度（使其类似于等温转变），得到索氏体、较少的铁素体和片状珠光体组织，如图 4-144 所示。

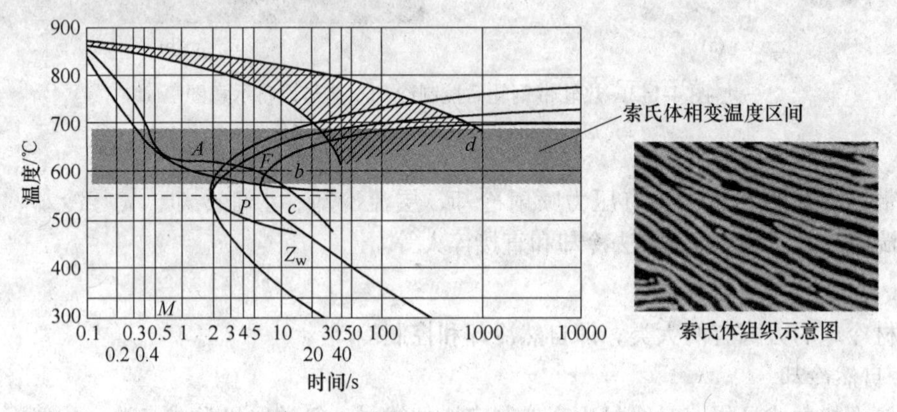

图 4-144　线材珠光体型控制冷却温度范围与产物示意图

（2）马氏体型控制冷却。轧后的线材以终轧温度快速进入高效冷却装置，使线材表面温度急剧降至马氏体开始转变的温度以下，表层奥氏体转变为马氏体，此时心部仍为奥氏体，线材出冷却段后，利用心部残余热量及相变热对表层马氏体进行自回火，得到表面为回火马氏体中心为索氏体的组织，如图 4-145 所示。

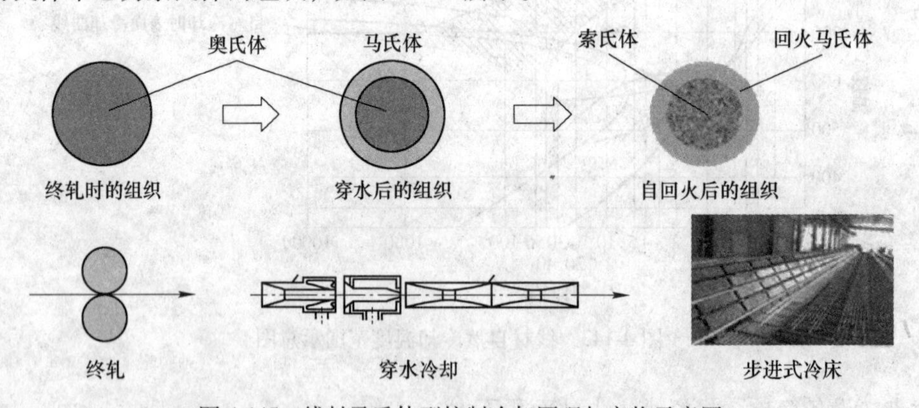

图 4-145　线材马氏体型控制冷却原理与产物示意图

c　线材控制冷却的类型

控制冷却的类型主要有两大类，一类是水冷加运输机散卷风冷（或空冷），另一类是水冷加其他介质冷却，常用的是前者。

（1）斯太尔摩式控制冷却。其原理是：轧制完成的线材经水冷管快速水冷，然后由吐丝机将其散布在输送辊道上，强制鼓风冷却。线材斯太尔摩式控制冷却时表面与心部温度变化如图 4-146 所示。

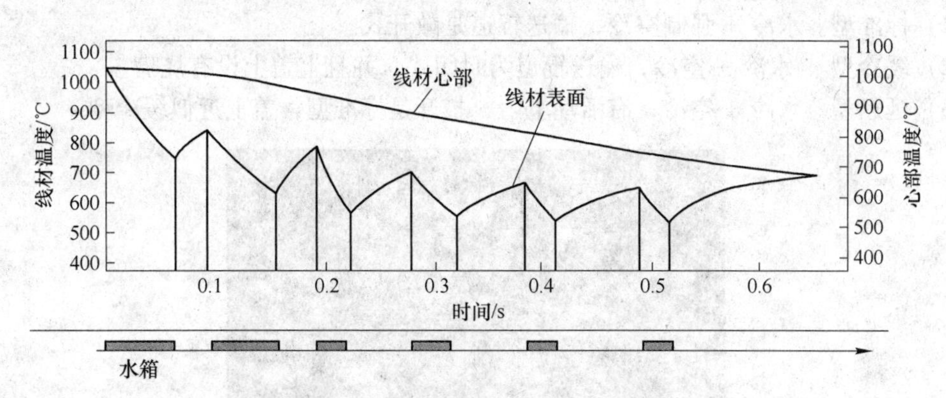

图 4-146 线材斯太尔摩式控制冷却时表面与心部温度变化示意图

优点：冷却速度可调，能得到比较理想的内部组织，氧化铁皮生成量少，性能均匀性好。

缺点：冷却线占地面积大，设备投资大，二次冷却段主要靠风冷，受环境影响较大，有比较严重的二次氧化现象。标准斯太尔摩式线材冷却运输机如图 4-147 所示。

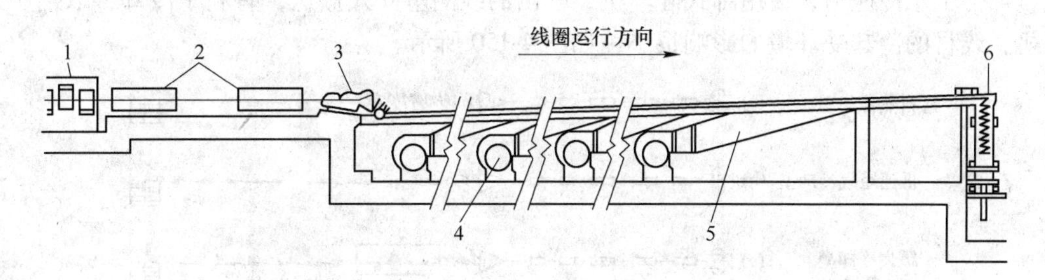

图 4-147 标准斯太尔摩式线材冷却运输机示意图

1—精轧机组；2—冷却水箱；3—吐丝机；4—鼓风机；5—送风室；6—集卷筒

应用：普碳钢、碳素结构钢、高碳钢、低合金钢等。

斯太尔摩式控制冷却的 3 种形式（见图 4-148、图 4-149）：

图 4-148 延迟型斯太尔摩式线材冷却运输机

1）标准型。水冷 + 强制空冷，输送辊道是敞开式。

2）缓冷型。水冷 + 空冷，输送辊道为封闭式，并且上盖上设有烧嘴。

3）延迟型。水冷 + 空冷，有活动上盖，打开是标准型，盖上近似缓冷型。

图 4-149　标准型斯太尔摩式线材冷却运输机

（2）施罗曼控制冷却。施罗曼控制冷却是在斯太尔摩式控制冷却的基础上进行改进而成，加强了水冷能力，使用卧式吐丝机，吐出的线圈呈立式输送，有利于冷却，取消了鼓风机，线材的冷却受环境的影响很小，如图 4-150 所示。

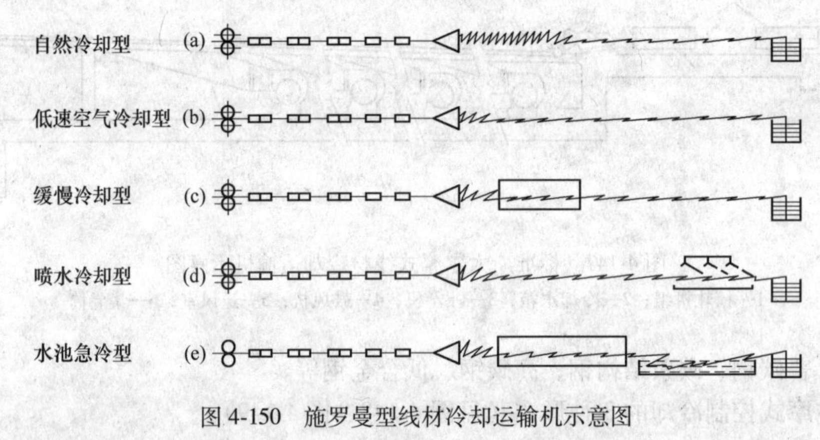

图 4-150　施罗曼型线材冷却运输机示意图

4.17　影响钢材产品质量的因素

要想了解影响钢材产品质量的因素，首先要弄懂钢铁生产的客观规律。

钢铁生产属于流程性的生产方式，与以汽车为代表的加工制造有着本质上的区别。钢铁生产的特点是连续性生产，如炼铁、炼钢、热轧、冷轧、连退等，由于原料设备工装工艺操作等条件的变化，产量质量始终处于波动的状态之下，而且这种质量的波动是由于它的生产方式所造成的，是不可避免的客观规律。通过提高原料装备水平，动态进行过程控制，可以起到改善产品质量的效果。但是不可能从根本上解决产品的质量问题。

如果仅把提高装备水平作为提高产品质量的唯一主要手段，实质上是违背客观规律的。为此，非但质量问题得不到解决，企业还得背负提高原料质量，改进设备产生的投入以及机会成本上的损失。

影响钢材产品质量的因素有：

（1）钢铁产品标准对产品质量的影响。产品质量包括以下三个概念：

1）符合性质量概念。符合现行标准的程度。

2）适用性的质量概念。满足顾客需要的程度。

3）广义质量概念。质量是一组固有特性满足要求的程度。

现行标准通常是对产品的成分、性能分别给出范围值，而且许多成分或性能只有上限或下限值，数值的确定是对大量实际数据统计得到的。但是对每一个成分或性能都是单独进行统计，去掉两端的离散的异常值后确定标准的成分和性能。当所有成分都取上限时，反映生产的性能和都取下限时的产品性能有较大差别。有可能达不到用户的使用要求。而个别成分或性能超出标准的情况下，在特定的成分或性能的组合下，产品有可能同样满足用户的要求。也就是说在目前制订标准的方法，将会出现符合产品标准的产品。可能不能满足用户的使用要求，而在标准范围之外，也有能满足用户使用要求的产品，尽管企业出厂的产品都符合产品标准，也仍然有用户不满意的情况出现。

钢铁企业如果没有真正认识和解决这个问题，产品的质量就无法得到进一步提高，用户对产品的质量就无法达到真正的满意，不仅给用户也给钢铁企业带来质量的损失，影响到企业的效益，而且会影响质量工作进一步的深入开展，使产品质量问题不能得到根本的解决。

（2）用户对产品要求的多样性和细分用户对产品质量的影响。对于普通钢材的用户有可能统一产品标准，简化生产企业和用户之间在产品性能方面的沟通的矛盾和成本，如普通的螺纹钢产品和板带产品，而大量的高端产品由于用户不同，用途不同，对产品使用性能的要求也不相同。以汽车板为例，即使是同一个车型，不同的部位的要求也不同。大量的用户和大量的下游产品，产生了大量的用户需求，用户需求的不同意味着对产品质量要求的不同，在大量的不同的质量要求的情况下，如何保证所有的产品质量，是企业质量管理的新课题，同时，随着产品的种类增加或批量减小，也和生产组织、技术管理、成本控制产生了新的矛盾。

解决好这个矛盾，将使企业争取到更多订单和高端用户，给企业带来效益和提高企业的竞争力。解决不好这个问题，结果就会相反。如果考虑到在钢铁生产过程中，质量波动是一个客观事实，同时注意到用户对产品的使用要求不同，通过一体化的质量体系解决好两者之间的关系，将相应的质量产品配给合适的用户和用途，并且通过信息化实现在生产制造过程中动态的管理，将是提高企业效益和竞争的一个重要途径。

（3）设备对产品质量的影响。设备本身有使用周期，设备的精度是不断变化的，设备使用的前期、中期和后期在工艺制度不变的情况下，产品质量也将随设备的变化而波动。而设备的精度或性质的波动，是不可避免的，技术专业如果单纯强调工艺制度的权威性，无条件要求设备满足工艺要求，就将无法真正地解决由设备原因导致的产品质量问题。

（4）生产组织对产品质量的影响。合理的生产组织是保证产品质量的主要因素，对于产品成分控制、表面质量，可以通过合理组织钢种品种间的衔接、规格的衔接得到保证，如在同一个辊期内的品种规格的合理安排，可以保证在表面状态最好的轧辊条件下，生产表面质量要求高的产品，在表面要求不好的轧辊条件下，兼顾了产量和成本的要求，达到成本最低、质量最好、效益最大化的要求。反之，如果在转炉、轧机不好的条件下安排了质量高的产品，产品的质量就受影响，在条件好的情况下，安排质量要求不高的产品会造成设备能力的浪费。

（5）岗位操作对产品质量的影响。在钢铁企业生产过程中，随着装备水平的不同，一部分工艺规程可以有自动化系统自动执行，还对许多工艺规程是靠人来完成的特别是在工艺规程不够完善的情况下，有的岗位操作需要岗位人员凭经验来掌握，不同的岗位人员对操作有着不同的理解和经验，直接影响产品质量的稳定性，在钢铁企业中，由于操作带来的质量问题，并没有得到真正的重视和彻底解决。

5 钢铁企业的信息化

5.1 钢铁企业的经营目标和发展战略

5.1.1 钢铁企业的经营目标

哪些是企业的经营目标，如图 5-1 所示。

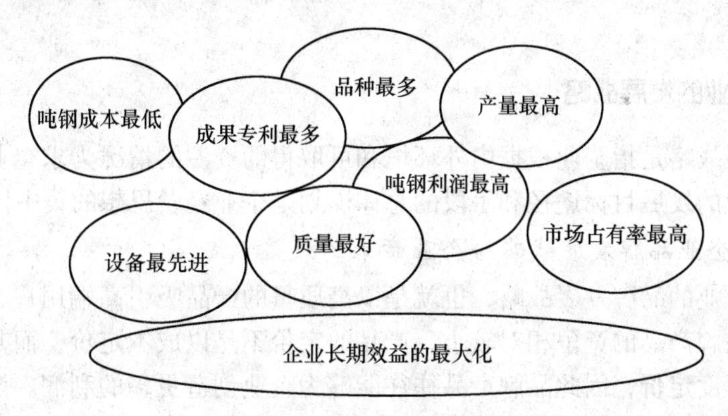

图 5-1　企业的经营目标

钢铁企业的经营目标是实现钢铁企业在整个企业生命周期中的整体效益最大化，但是实际上在企业的经营管理中经常出现以下 3 个偏差和误区：

（1）重视短期效益 忽视长期效益。市场好时供不应求价格高，增加产量忽视质量；市场不好时，价格低，供大于求。竞争激烈，企业效益差，强调降成本降低质量水平，基础工作偏重于盈利产品，忽视其他产品。

（2）注重产出效益，不计投入。强调产量增加带来的效益，扩大规模不计投入，片面强调装备和装备水平、引进新技术、新建产线，单纯靠装备水平的提高来提高产品质量。

（3）重视有形资产的效益，不重视无形资产带来的效益。企业的有形资产，如图 5-2 所示。企业的无形资产如图 5-3 所示。

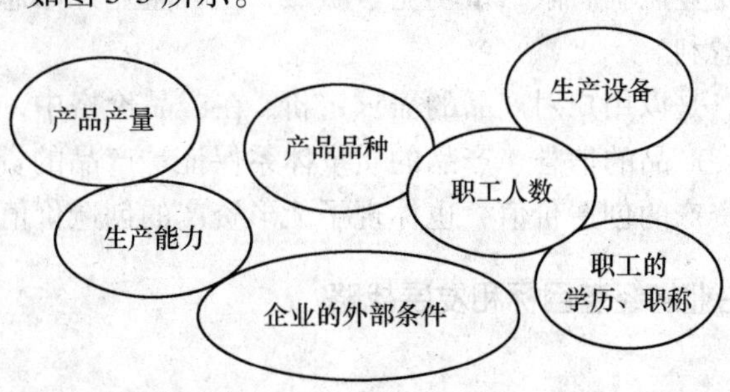

图 5-2　企业的有形资产

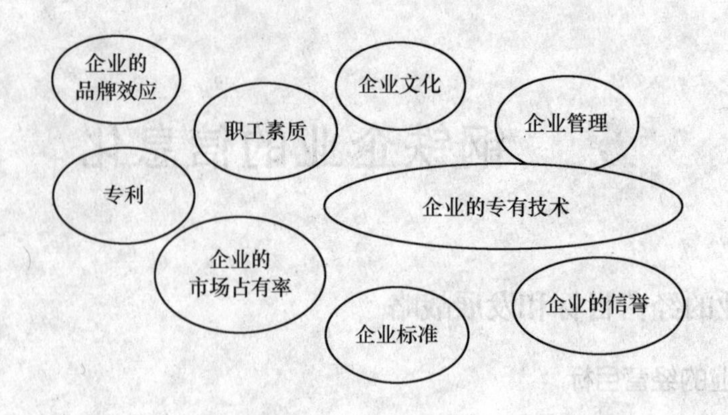

图 5-3　企业的无形资产

5.1.2　钢铁企业的发展战略

企业的发展战略是指企业根据内外环境和可取得的资源的情况为求企业长期生存与稳定发展，对企业的发展目标途径和手段的总体谋划是企业经营思想的集中体现。

5.1.2.1　企业品牌发展战略给企业带来的效益

作为钢铁企业的品牌发展战略，也就是以高质量的产品吸引高端用户，提升产品的利润空间。由于品牌产品的竞争相对较小，产品的定价不是以成本定价，而是以市场的需求和用户的接受程度定价，因此品牌产品往往能够为企业创造更多的利润。国外企业和国内的宝钢采用的就是品牌战略。在钢铁市场产能过剩，市场竞争激烈的今天，吨钢的平均利润极低。如果是品牌产品，售价每吨往往可以比一般产品高几十甚至几百元，吨钢的利润是非品牌产品的几十甚至上百倍。在相同的外部环境下，这些企业也可以靠自身的实力维持一个基本的利润水平。国内的宝钢就是一个品牌发展战略的典型。在钢铁市场价格较高时，宝钢的产品价格每吨可以比其他企业高几百甚至上千元，为宝钢创造了高额的利润。到目前为止，在市场环境不好时宝钢仍有利润不至于亏损，而其他企业的产品价格远低于宝钢，随着市场价格的波动，企业的利润也仅仅维持在盈亏之间波动，造成企业经营困难。

5.1.2.2　产品的定价

一般产品的定价，以市场的同类产品的平均成本定价，加上部分利润，产品价格和盈利水平随市场波动，企业盈利有限，市场竞争激烈，一旦企业开始恶性竞争打价格战的时候，企业将无法保证盈利。

品牌产品的定价，是以用户对产品的需求定价，在产品价格中，包括了产品质量、产品服务、企业的声誉、产品的信誉、产品的质量体系保证、产品的资源保证、品牌产品的定价不仅包括了有形资产的创造价值，也体现了无形资产的创造价值。

5.1.3　体系建设与企业的经营目标和发展战略

5.1.3.1　现状

专业分割，部门分割，工序分割，岗位分割，形成管理的孤岛。人自为战，资源不能得到有效利用，管理效率低下，扯皮现象严重，各种问题重复发生，重复解决，不能根治，浪费了大量的资源。

企业的经营目标和部门的管理目标不一致，部门与部门的管理目标相互冲突矛盾，追求部门局部利益的最大化，影响到企业整体利益的最大化，在关键问题的解决上各部门形成不了合力，资源不能合理配置，造成问题长期不能得到解决，使企业的损失成为常态，浪费了更多的资源。

管理效率低下，原本两个岗位，甚至一个岗位就可以处理解决的问题，变成几个专业几个部门之间的长期矛盾，形成管理的真空地带，使各种问题的解决变成了岗位之间、专业之间、部门之间的利益平衡。

在这种管理模式下，为了调动各部门的积极性企业往往会出台一些明确部门职责岗位职责的规定和一些考核、奖惩办法，对于大量处于灰色地带的问题和需要多部门共同解决的问题，这些制度和方法，反而加剧了上述问题，致使问题长期得不到彻底解决，领导忙于处理琐碎事物、岗位人员每天都要面对重复发生的问题。而企业的经营目标和发展战略无人顾及，使考核、奖惩办法的效果背离了企业的目标。

5.1.3.2 体系建设与企业经营目标和发展战略

钢铁企业的体系建设和中心任务就是将企业的经营目标战略贯彻到每一个部门、岗位和日常工作中，建立完整的管理体系，改变过去粗放式的管理，消除部门专业岗位之间的管理真空，以符合企业的经营目标作为处理部门专业岗位之间业务关系的标准，打破现有的部门专业工序岗位的孤岛式的管理模式，按照钢铁生产自身的特点和工艺、业务流程，建立一套新的业务管理模式，设置新的机构和岗位，培养复合式的技术和管理人员，以适应新的管理体制的要求，而且将业务管理模式的不断完善作为一项长期工作。

在面对企业经营生产中的各种问题和矛盾，要从企业的经营目标发展战略出发，优先解决对企业效益影响大的问题和矛盾，优先解决企业的短板，取长补短，不能取短补长，不能因为企业的短板得不到解决而使整个企业的资产的效益的发挥受到影响，在众多的问题当中，体系建设是企业最迫切需要解决的根本问题。

形成有效的管理体系后，每一个部门专业、工序岗位不再是孤军作战，岗位面临的问题就是整个管理体系面临的问题，在将问题原因分析清楚、解决途径明确之后，根据具体的方案，所有必要的资源都会投入解决问题的工作中，直到把问题解决。

形成有效的管理体系后，部门专业工序岗位问题矛盾将大大减少，扯皮问题减少，无效的会议和工作将被有效的工作替代，使专业人员和岗位人员能够集中精力提高业务操作水平，企业的高层能够真正关注企业长远的发展，使企业走上可持续发展的轨道。

未来企业间的竞争，不再是产量、设备、技术经济指标的竞争，不是部门与部门的竞争，也不是多项指标集合后的竞争，而是体系和体系间的竞争。

以往企业间的对口学习、对标挖潜的做法，并不能真正提高企业的竞争力，企业在解决环境下，都应该眼睛向内，抓基础管理，建立一套适合企业自身特点的管理体系，通过体系建设，全面提高企业生产经营和决策水平。

5.2 钢铁企业的信息化

5.2.1 信息化的定义

信息化是指培养发展以计算机为主的智能化工具为代表的新生产力，并使之造福于社会的历史过程。智能化工具又称信息化的生产工具，它一般必须具备信息获取、信息传递、信息处理、信息再造、信息利用的功能，与智能化工具相适应的生产力，称为信息化生产力。智能化生产工具与过去生产力中的生产工具不一样的是它不是孤立分散的，而是一个具有庞大规模的自上而下的有组织的信息网络体系，这种网络性生产工具将改变人们的生产方式、工作方式、学习方式、交流方式、思维方式等，使人类社会发生极其深刻的变化。

5.2.2 钢铁企业的信息化

钢铁企业的信息化是钢铁企业以计算机为智能化工具的新的生产力，也可称为钢铁企业的信息化生产力。它将钢铁企业中多部门分专业、分工序、孤立、分散的专业工作和质量信息构成一个自上而下的信息网络体系，调动所有要素，使企业经营活动的整体效益最大化。这个信息网络体系将改变钢铁企业的技术、生产、管理的思维模式、工作内容和工作方式，使钢铁企业发生极其深刻的变化。

5.2.2.1 钢铁行业的发展阶段

钢铁行业的发展可分为以下四个阶段：

(1) 半机械化。人工喂钢的横列式轧机、叠轧薄板轧机。

(2) 机械化。机械化的炼钢设备和早期的板带轧机。

(3) 自动化。自动化的炼钢和轧钢设备。

(4) 信息化。全流程的生产制造过程，以及设备、财务、销售、人力资源计算机管理系统。

装备及信息化水平对企业经营效益的影响如图 5-4 所示。

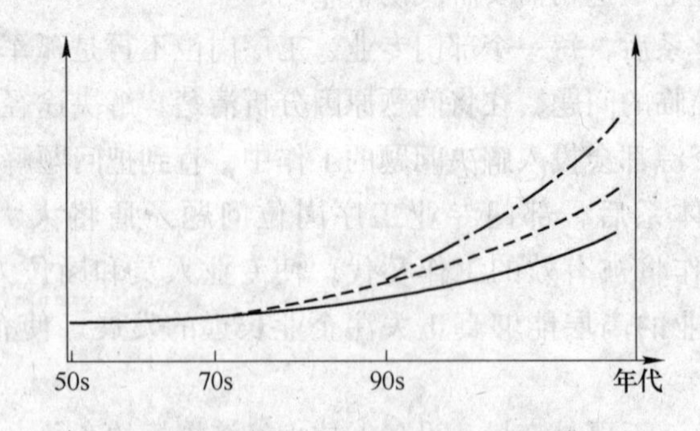

图 5-4 装备及信息化水平对企业经营效益的影响

如果我国 GDP 继续以 7%的速度增长，钢产量的走势如何？随着环保、资源的压力加大，经济增长模式转变，钢产量不可能与 GDP 同步提高，而是稳定在一定数量上或缓慢下降，但是优势钢铁企业将进一步做大做强。GDP 与钢产量的走势如图 5-5 所示。

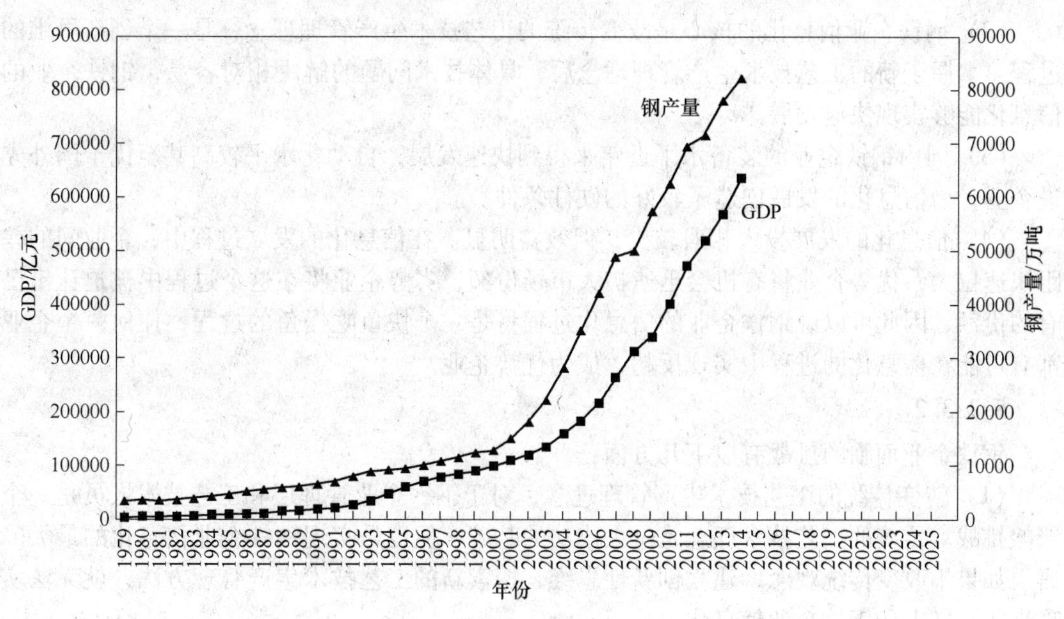

图 5-5 GDP 与钢产量的走势

5.2.2.2 信息化的基本构成

信息化的基本构成如图 5-6 所示。

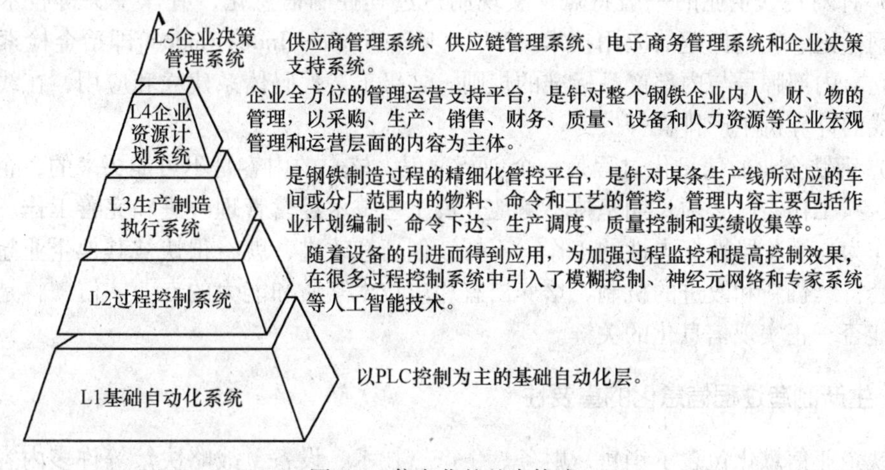

图 5-6 信息化的基本构成

5.2.3 钢铁企业面临的机遇与挑战

5.2.3.1 机遇

国内钢铁企业在装备水平、品种结构上已具备了与国际先进企业相当的水平。

（1）钢铁企业信息化是一个相当长的发展过程，虽然我们与国外先进企业存在差距，但是从现在开始发展钢铁企业的信息化仍然为时不晚。在今后信息化的发展过程中，国内先进企业有可能也应该赶上和超越国外的先进企业，最终实现由钢铁大国向钢铁强国的转变。

（2）钢铁企业信息化的核心是改变传统的工艺技术生产管理理念，是一个创新思维的过程。掌握了新的工艺技术生产管理理念后，具体技术问题的解决相对容易，钢铁企业的信息化能够实现快速发展。

（3）国内钢铁企业的装备水平近年来得到快速发展，自动化水平较高甚至优于国外先进企业，为信息化的发展创造了较好的硬件条件。

（4）信息化的发展投入相对较少，但效益明显。在信息化的发展过程中，企业间的差距快速拉大，优势企业将有机会迅速扩大市场份额，劣势企业将在这个过程中被迫让出已有的份额，因此可以说钢铁企业的信息化过程将是一个快鱼吃慢鱼的过程，任何一个企业都有可能在信息化的进程中实现反超，成为优势企业。

5.2.3.2 挑战

钢铁企业面临的挑战有以下几方面：

（1）转变传统的工艺技术生产管理理念，对于钢铁企业管理层和工艺技术人员是一个严峻挑战。传统的工艺技术理念是过去成功的基础，但也是实现钢铁企业信息化的最大障碍。如果不改变传统观念，建立创新性思维，探索新的工艺技术生产管理方法，就无法实现真正意义上的钢铁企业信息化。

（2）建立一个精细化钢铁生产过程控制的信息化管理体系，需要工艺技术人员做大量艰苦细致的工作，研究探索全新的工艺技术经营管理方法，形成一套适应自身企业特点的质量管理体系，并在信息化平台上实现。

（3）针对钢铁企业的一般特点，实现制造过程控制信息化，有以下关键技术需要突破：炼钢标记、轧钢标记的应用技术，MIC（Metallurgical Index Code，即冶金检索码）体系的建立，内部牌号与内部产品标准的规则，二级工艺代码体系建立和应用，在线合同评审，在线的计算机生产排程等。

（4）钢铁企业的信息化过程是一个创新过程，核心的内容是不可能买来的，企业一旦开展了这项工作，就必须长期坚持不懈地开展工艺技术经营管理改进和完善工作。如果把信息化作为一个阶段性标志性的工作，不持续创新和改进，就将很快被其他企业超越。建立起一套持续创新和改进的机制，培养出有相应技术素质和能力的专业队伍，将是决定一个企业能否真正实现信息化的关键。

5.2.4 生产制造过程信息化的重要性

钢铁企业信息化包含了销售、财务、生产、技术、设备、战略决策等许多内容，而且还在不断发展新的理念和功能，但是其中最核心的内容是生产制造过程的信息化。

生产制造过程信息化是企业工艺技术、生产管理理念和方法的具体体现。要实现适应钢铁企业发展需要的生产制造过程信息化，必须采用科学先进的工艺技术、生产管理理念和方法，通过信息化手段对生产制造过程进行有效控制，合理地处理好品种之间、工艺之间、工序之间的关系，消除孤岛式的管理模式，建立完整的、系统的生产制造信息化平台。只有这样才能充分挖掘工艺技术和生产管理的潜力，最大限度地提高产品质量，降低生产成本，直接而不是间接地为企业创造效益。

尽管生产制造过程信息化是钢铁企业信息化的核心内容，但也是目前最薄弱的一个环节。由于钢铁生产工艺的复杂性，以至于我们还不能将所有工艺技术、生产管理的工作进行量化，变为可以通过计算机进行处理的信息，许多工作还要靠人工处理，这成为实现生产制造过程信息化的最大障碍，需要在信息化的进程中通过创新工艺技术、生产管理的理念和方法加以解决。

目前在生产制造信息化系统中，有两个关键技术将使工艺、生产管理水平有本质上的提高，一个是出钢记号、轧钢记号，它拓宽了技术专业的理念、思路，提供了新的工艺技术管理方法；另一个是全新的MIC体系，它可以将记号的方法和其他所有业务工作通过代码整合在一个信息化平台上，使先进的管理理念在生产制造过程中得到实现。

5.2.5 信息化给钢铁企业带来的效益

信息化给钢铁企业带来的效益包括以下几点：

（1）在相同的工艺设备原料条件下，提高产品质量，满足高端用户对产品质量的要求。

（2）通过采用标记对生产过程进行精细化管理，使生产过程中的工艺控制和产品质量水平稳定提高，减少废品及带出品损失。

（3）通过信息化系统对带出品进行合理分级，减少处理带出品过程中的损失。

（4）通过对生产过程的精细化管理，可以在质量设计和生产过程中有效控制消耗、降低成本。

（5）在满足用户需求的前提下，合理进行质量设计，减少由于质量过剩带来的浪费。

（6）通过MIC体系对三级系统中重复的产品质量要求和工艺进行合并，提高生产管理效率。

（7）由系统支持的质量评审可以大大提高订单处理速度，以便在市场竞争中争取更多的客户和订单。

（8）应用信息化系统的余材充当、计算机生产排程功能，可以通过对库存和当前生产计划的调整大大缩短交货期，最大限度地满足对交货期有特殊要求的用户。

（9）通过信息化，可以推动企业实施品牌战略，增加产品在质量成本上的优势，使优势企业能够不断扩大产能，加速发展，从而提高钢铁行业的产业集中度；同时不断提高在各个产业链中的话语权，使企业逐渐从以成本定价的低水平竞争模式转向以品牌价值定价的赢利模式，把钢铁行业做成各个产业链中的强势企业，使钢铁产业继续成为国民经济发展中的朝阳产业。

5.3 建立一体化质量体系的迫切性

5.3.1 一体化质量体系的含义

一体化质量体系是以生产工艺和产品质量为主线的管理体系，主要是指：

（1）从接受订单到产品交付以及售后服务的管理流程的一体化。

（2）从炼铁、炼钢、热轧到冷轧工艺流程的一体化。

（3）生产、技术、设备、销售以及人事等专业管理的一体化。

（4）从单一产品、单一品种的管理到所有产品工艺质量管理的一体化。

品牌发展战略的基础是产品的质量，一体化质量体系的本质就是服务于企业的经营目标和企业的发展战略，充分发挥现有装备的能力，通过管理水平的提高和信息化手段的运用，最大限度地提高产品质量，使企业具有相对的竞争优势。

5.3.2 建立一体化质量体系的迫切性

5.3.2.1 企业发展的需要

钢铁行业经近些年的快速发展，产能已达到近10亿吨，随着经济发展速度放慢，钢铁消耗下降，出现了明显的供大于求的局面，大部分企业之间都是互相低价竞争，以保住自己的市场份额，导致企业效益下降，甚至亏损。如果这种局面不改变，很多企业将难以为继，而钢铁行业重现往日繁荣的市场局面不再可能。在这种情况下，企业必须尽快找到出路，而一体化质量体系可以最大程度地提高企业的管理效率、生产效率，降低生产成本，使企业的竞争力不断地增强。

5.3.2.2 精细化管理的需要

为了提高管理水平，提高生产效率和效益不断实现精细化管理，是企业管理的必由之路。现在许多企业的管理还停留在粗放管理的阶段，工艺技术、专业制度本身不完善，需要细化。大量部门专业工序岗位之间的管理真空需要补充，过去靠开会解决的问题，都需要通过体系形成可执行的规定，所有过去靠一个部门、专业、工序、岗位不能完成的工作，都要在体系中做出具体的业务流程和规划，在矛盾和问题得到解决后，还会出现新的矛盾和问题，这种精细化的过程需要一个一体化的质量体系来完成。

而精细化的内容又是一体化质量体系的组成部分，因此，精细化管理的本身就一体化质量体系的形成过程。精细化的管理在品种质量和产量相同的条件下，可以使成本降低，加快产品质量的提高和新产品的开发，不断增加无形资产带来的效益，使企业与同类企业相比较占有相对的优势，使企业能够尽快摆脱困境，走上良性持续发展的道路。

5.3.2.3 企业信息化的需要

钢铁企业加快信息化建设，是一个必然趋势，而对钢铁生产的复杂过程靠人工实现精细化管理要求是不可能完成的工作，比人要依靠计算机担负繁重的计算任务处理大量的信息，以便实现整个生产过程的计算的快速响应。工艺的控制质量的动态分析，生产计划的在线调整等功能，而信息化的核心是先进的科学的精细化的管理体系，是可以用代码和相应的逻辑关系表述的业务流程，这个体系化就是一体化质量体系，在这个体系的基础上实现的信息化即是信息化的系统中生产制造执行系统。

尽管钢铁企业在信息化方面有了很大进步，但是直至今日，生产制造执行系统仍然是一个最薄弱的环节，直接制约了产量、质量的提高和成本的降低，以致影响到企业的效益。根本原因就是还没有建立起一个真正科学有效的一体化质量体系。即使在信息化系统中采用了先进的硬件软件系统，但是由于业务流程不健全，业务逻辑不清晰，信息化系统无法正常运行。因此，一体化质量体系是建立信息化系统的业务基础。

5.4 一体化质量体系建设

一体化质量体系虽然包含了细分用户需求、标记等精细化的工艺技术理念、管理方法和许多具体生产过程控制的内容，但是其意义实际上已经远远超出了技术和生产管理的范畴。一体化质量体系并不仅仅是为了满足日常工艺技术和生产管理的需要而形成的，而是企业经营发展战略的一个重要组成部分。不同的企业发展战略、企业管理目标，赋予一体化质量体系的内涵也不同。作为企业通常都以效益最大化作为目标，但是如何实现企业效益最大化，每个企业都有各自的理解和做法。在这个问题上，发达国家的钢铁企业和国内先进企业（如宝钢）的做法提供了可借鉴的经验。

一体化质量体系及其包含的理念和方法并不是凭空臆想出来的，而是发达国家的钢铁企业和国内先进企业为实现企业的发展战略而实际采用的理念和方法。只是长期以来这些企业都把这些内容作为企业的核心竞争力，从来不与外界进行交流，使很多企业不能深入了解其具体内容，导致与这些企业始终存在理念上的差距，进而导致企业经营效果上的差距。而且直至目前，这些企业可以转让产品、工艺和技术，但是对于质量体系的内容从来不与其他企业进行实质性的交流，更不用说向外进行转让。这也从另一个侧面说明了一体化质量体系的重要性和在企业发展战略方面的差距。有一个好的企业发展战略，企业的经营管理就会坚持一个目标，不断努力，最终在经营效果上取得实效，成为效益好的企业。如果企业没有一个明确的、适合本企业的发展战略，在经营管理上就会左右摇摆，失去宝贵的时间和机会，最终损失的是企业的效益。

作为钢铁企业的发展战略，一般分为三种。一种是品牌战略，也就是以高质量的产品吸引高端用户，提升产品的利润空间。由于品牌产品的竞争相对较小，产品的定价不是以成本定价，而是以市场的需求和用户的接受程度定价，因此品牌产品往往能够为企业创造更多的利润。国外企业和国内的宝钢采用的就是品牌战略。在钢铁市场产能过剩，市场竞争激烈的今天，吨钢的平均利润极低。如果是品牌产品，售价每吨往往可以比一般产品高几十甚至几百元，吨钢的利润是非品牌产品的几十甚至上百倍。在相同的外部环境下，这些企业也可以靠自身的实力维持一个基本的利润水平。国内的宝钢就是一个品牌发展战略的典型。在钢铁市场价格较高时，宝钢的产品价格每吨可以比其他企业高几百甚至上千元，为宝钢创造了高额的利润。到目前为止，在市场环境不好时宝钢仍有利润不至于亏损，而其他企业的产品价格远低于宝钢，随着市场价格的波动，企业的利润也仅仅维持在盈亏之间波动，造成企业经营困难。

在品牌发展战略上还有过生动的实例。由于300小型是国内第一条连轧小型生产线，在螺纹钢的生产上自然形成了品牌，以致在国内市场享有盛誉，在产品价格上始终高于其他企业的产品。虽然近20多年来国内新建了许多小型生产线，装备水平明显高于300小型，但该钢厂的产品一直在价格上占有优势。不仅如此，该钢厂后来引进的美国20世纪50年代的二手设备和新建的“一脚踹”的简易生产线同样用螺纹钢的品牌为公司创造了超额利润。直到北京地区钢铁业停产，该钢厂用国内最早的小型连轧生产线——40多年的旧设备保持了在国内螺纹钢市场的竞争力。通过300小型的实例，就能够得到对国外钢铁企业的经营理念和方法的新认识。国外也有许多20世纪60年代、70年代的钢铁设备仍在生产，而且其产品质量远高于我国某些钢铁厂。而我们用最先进的设备生产出的产品，在质量和价格上都无法与之竞争。从表面上看这是由于我们在工艺、设备和管理上存在这样和那样的许多具体问题，但是本质上看企业发展战略的不同是一个根本原因。

另一种战略是低成本战略，也就是控制投资、控制成本，满足于低端产品的生产，以规模取胜，在国民经济发展的某个阶段，利用市场暂时紧缺、价格较高以及国家的鼓励政策，在短时间内可以取得较好的收益。一般的民营企业由于资金短缺，往往会采用这种战略。但在经济处于平稳发展、市场供求关系不再突出、市场竞争比较充分的外部环境下，以低成本为发展战略的钢铁企业的生存就十分艰难。由于产品的质量差，只能以低成本与其他企业竞争，产品只能按成本定价。当其他企业出价更低时，企业只能以亏损的状态维持生产。目前国内绝大多数企业就处于这种状况，而且这些企业不约而同地希望回到当初的那个特殊环境或者期盼市场再次复苏，放弃了自身的努力，最终只能是被市场经济规律所淘汰。

第三种战略就是产品差异化的发展战略，这种战略也经常被专家介绍和推荐，但是这种发展战略有其适用的条件。差异化的产品往往需求量较小、工艺特殊，有时需要在设备和工艺上采取特殊措施才能生产，通常属于小企业干不了、大企业不愿干的产品。这种发展战略一般比较适用于中小企业。这些企业可以通过技术措施，专门生产几类特殊产品，在市场需求量较小的产品上占有较大份额，使企业在市场上占有一席之地，取得稳定的收益。产品差异化的发展战略对于大型钢铁企业显然不适用。大型企业由于产量高，少量的特殊产品或盈利产品无法取代大批量的产品从根本上改变企业的经营效果。而且大型企业在产品的品种结构上基本相同，个别产品的差异化只能是一种技术层面的措施。要想从根本上提高企业效益，拉大和其他企业的差距，必须全面提高产品质量，全面提升产品的盈利水平，在工艺技术、生产组织、企业管理上全面赶超先进企业，才能在市场竞争中取胜。

通过以上三种发展战略的对比，结合公司现状，采用品牌发展战略是一个最佳的选择。某公司在过去的十年中，新建项目已经全部投产，生产规模较大、设备一流，但投资较大，显然不适宜采用低成本发展战略和产品差异化的发展战略，唯一能够选择的就是走品牌发展的道路。要把所有产品做成品牌，提高产品质量是根本。过去按牌号、按标准组织生产，在质量改进方面仍然沿用了传统观念，花了大量资金购买了先进的生产设备和检测设备，但是在质量改进方面取得的效果并不明显。在这方面国外的先进企业和宝钢提供了先进的理念和具体方法，就是采用一体化质量体系，细分用户的特殊需求，按出钢记号进行工艺设计并组织生产。对于一体化质量体系的基本了解使我们开始重新认识钢铁产品生产的基本规律，重新审视与先进企业存在的差距。随着认识的逐步深入，深切体会到与先进企业的差距不在装备水平、产品结构、关键产品和技术经济指标上，而在于理念和具体的经营管理方法上。不同的理念不同的做法必然会得到不同的效果。

钢铁产品生产是一个流程性的生产过程。在大生产的过程中，随着装备的水平、原材料、辅料的质量、操作水平、工艺条件的波动和设备精度随使用周期的变化，尽管执行相同的工艺技术规程，但产品质量总是在一定范围波动。这个波动直接影响到产品质量的稳定性。对于用户而言，尤其是高端板带产品的用户，即使产品的质量在交货标准规定的范围内波动也不能满足用户的要求。因为用户的使用环境对产品质量稳定性的要求十分苛刻，如用户在对产品进行后续的冷弯、冲压、涂镀等加工时，原料质量的很小波动都会对他们的生产过程控制造成不良影响。因此，用户并不是无限要求更高的性能指标和更严的化学成分，而是要求产品质量的稳定性。只要钢铁企业提供的产品质量稳定，用户可以适当调整自己的工艺加以适应。用户要求的产品质量稳定性不仅仅是指同一批次或同一订货单位的产品，而且要求钢铁企业常年提供的同一产品的质量始终稳定在同一范围之内。如果企业提供的产品都在标准范围之内，但每个批次或每月提供的产品在成分性能范围上不一致，即使按标准都是合格产品，用户也无法随时调整自己的加工工艺来保证最终产品的质量。国外企业和宝钢很早就已经意识到这一点。他们通过质量体系和信息化系统的建设，不断改进企业内部管理以适应用户要求，而且通过高质量的产品和适应用户不同用途的差异化产品，培养了一大批自己的高端客户。而那些质量稳定性得不到保证的钢铁企业生产的产品，很难替代他们的产品。即使试用或认证的产品性能指标合格，一旦长期供货，便可以明显看出与先进企业产品的差距。对于质量稳定性差的产品，用户在长期使用过程中便会发现产品的问题，也就是产品质量虽然合格，但在后续加工过程中废品量较大，模具消耗高。所以，对于质量波动大的产品，尽管售价低，用户仍然不愿使用。这也是国外企业和宝钢的产品可以卖出高价而且能够被用户接受的根本原因。国外的先进企业很久以来就采用了 MIC 体系和出钢记号的管理方法。通过质量体系的建立，利用先进的管理方法在成本不增加的情况下，有效地提高产品质量的稳定性，满足高端用户对产品质量稳定性的要求。

图 5-7 表示的是某公司产品质量稳定性的现状。产品质量的稳定性是用成分、性能、组织、板形、表面质量、尺寸精度及工艺条件等表示的一个立方体。在成分、性能等质量指标都符合标准或用户要求时，工艺条件的波动也是影响产品内在质量的一个重要原因。在按牌号进行产品质量设计和生产管理的情况下，尽管产品执行的是同一个生产工艺，但质量仍然会随着原材料、工况、设备使用周期等因素在一个较大的范围内波动。特别是在长期生产的过程中，还会有一些不确定的因素影响到产品质量的稳定性。用户要求的产品质量稳定性要高于实物水平，而且用户要求相对稳定。与用户的使用要求相比，目前产品的实物水平还远不能达到高端用户的要求，而先进企业的实物水平要高于用户的使用要求。虽然产品也能够给用户供货，但是质量异议就会相对较多。

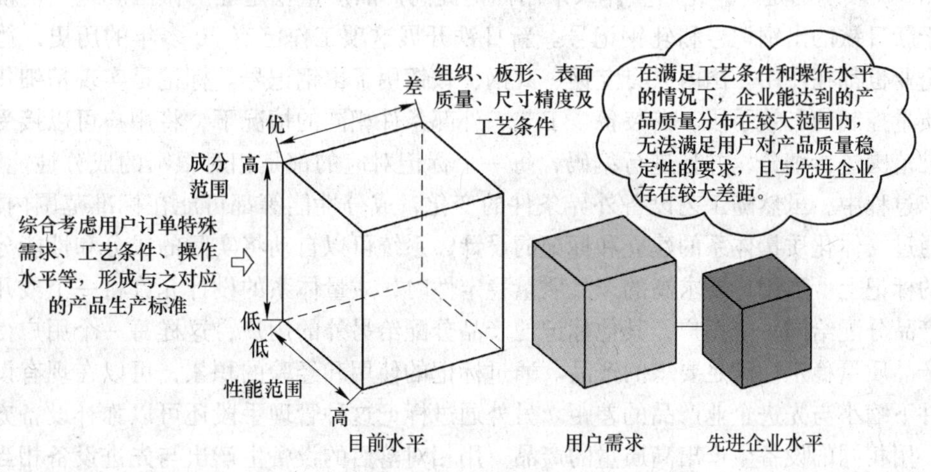

图 5-7 按牌号进行工艺技术管理的示意图

图 5-8 表示的是采用按照牌号进行技术管理的传统方法改进产品质量稳定性的示意图。为了提高产品质量稳定性，在牌号管理的基础上仍然采用同一个工艺制度，通过制定更严的产品标准，提出更苛刻的设备精度限制、更为严格的工艺条件，使产品质量稳定性得到提高。但是用这种方法提高产品质量稳定性的效果十分有限，而且有些条件很难达

到，例如装备水平不经改造很难提高。由于在改进质量的方法上没有根本改变，用传统方法提高产品质量稳定性付出的代价较大，比如增加了带出品的数量，增加了原材料、辅料的成本，增加了工艺消耗等。即便如此，得到的实物质量仍然不能满足用户要求，与先进企业的实物水平差距仍然较大。因此，这种改进产品质量的方法非常不经济，耗费了大量的人力、物力和宝贵的时间，延误了企业在工艺技术和生产管理方面进行深层次改革和发展的时机。

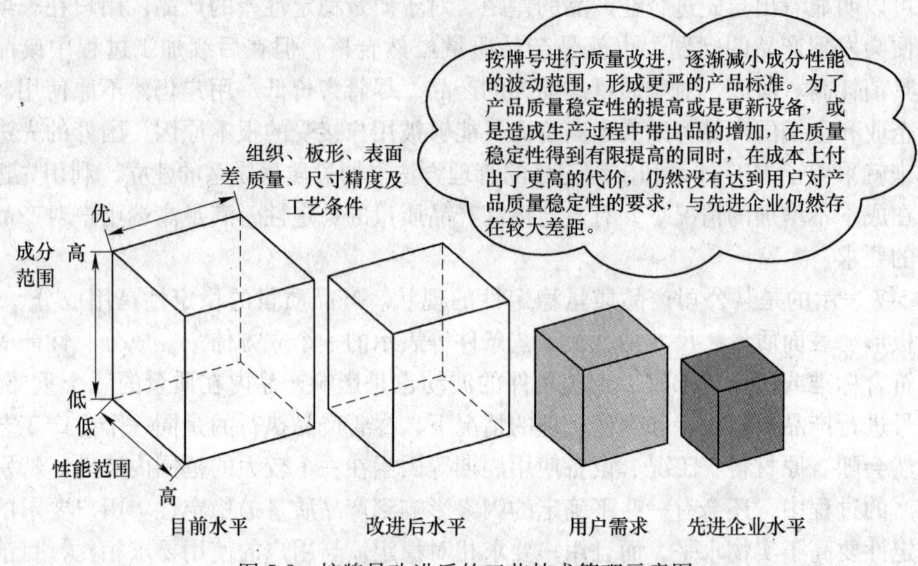

图 5-8 按牌号改进后的工艺技术管理示意图

图 5-9 表示的是一体化质量体系采用标记提高产品质量稳定性的做法。这里所说的标记源于新日铁的出钢记号和轧钢记号。新日铁开展这项工作已有 30 多年的历史，德国和韩国企业也都在使用。国内只有宝钢、武钢、鞍钢用了出钢记号。标记是实现精细化生产过程质量控制的有效手段。在装备、工艺、外部条件相同的情况下，将用户可以接受的产品标准范围进行细分，并且进行编码，每一个标记对应的都是相对很窄的成分性能区间。在生产过程中，虽然随工艺设备外界条件的变化，成分性能等都可能在标准范围内波动，但是通过一体化质量体系的建立和标记的设计，系统可以自动将实际的成分和性能分配到对应的标记上。当用户要求高的产品质量稳定性时，质量体系的设计允许将一个或几个标记的产品分配给同一个用户，其他标记的产品分配给另外的用户，这样每一个用户得到的都是产品质量稳定性满足要求的产品。通过标记的使用和经验的积累，可以在现有设备工艺条件下缩小与先进企业产品的差距。另外通过标记这种管理手段还可以弥补设备方面的不足，用相同的设备生产出高质量的产品，用相对落后的设备生产出与先进设备相当质量的产品。从某种意义上讲，这相当于大大延长了设备的使用寿命，一代设备也许相当于其他企业的两代设备，从而大大减少更新改造设备的投资，降低生产成本。这也是国外 20 世纪 60~70 年代的设备仍然能够生产出高质量产品的根本原因。

标记的使用改变了按牌号进行质量设计、生产组织和产品销售的观念。按牌号组织生产时产品成分性能等质量指标波动大，这一批交付给了一个用户，下一批生产时又将同样

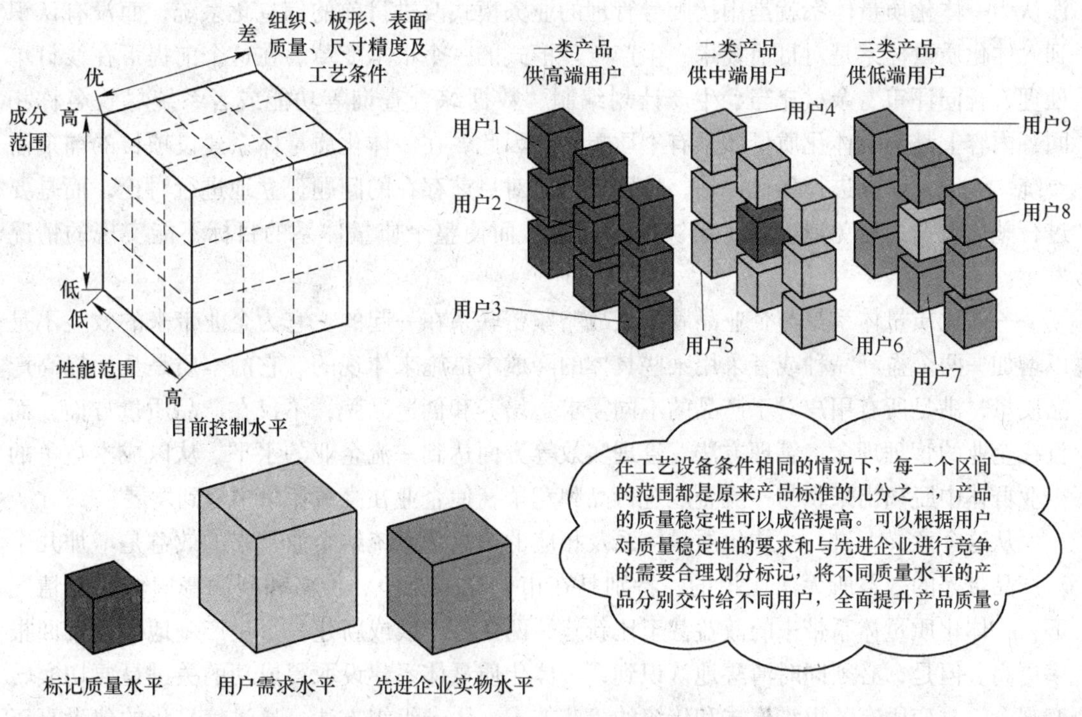

图 5-9 采用标记管理后不同类产品分别交付不同类客户的示意图

质量水平的产品交付给另一个用户，造成两个用户对产品质量都不满意，企业也无法提高产品的价值，造成质量的浪费和效益的损失。采用标记配合用户特殊需求的细分，企业可以通过信息化系统，将产品生产过程的实绩用标记进行分类处理，在相同的生产过程控制水平的基础上，用先进的管理方法和信息技术相结合的手段，使用户感受到产品质量稳定性的提升，从而为企业增加效益。

一体化质量体系采用标记作为质量设计、质量管理的核心内容。由于标记的使用和对用户特殊需求细分管理的要求，生产控制全过程的管理都发生了根本变化，从订单处理、合同评审、质量设计到二级的控制都与目前按牌号管理的要求不同。目前按牌号管理的信息化系统有很多不完善的地方，许多专业工作都需要在系统外完成，造成工作效率低下、工作质量差。基地和专业部门也要求对现有的系统或者功能进行改进完善，如订单处理、合同评审、余材充当、生产计划编制、数据综合查询等，希望能够通过局部的信息化系统改进解决当前技术管理和生产管理存在的问题。尽管这些问题与一体化质量体系需要解决的问题是一样的，但是在内容上与一体化质量体系有根本不同。在按牌号进行技术、生产管理的基础上进行系统完善，不能等同于按标记进行技术、生产管理。一体化质量体系的建立需要对全部业务流程和代码体系进行一体化的整体设计。如果脱离一体化质量体系的整体设计，孤立地、局部地解决目前的问题，即使暂时在一定程度上可以满足当前的部分业务要求，也只能解决问题的局部，无法从根本上彻底解决问题。在一体化质量体系项目实施之后，必然还要对这些系统重新进行改造，导致系统的重复建设，造成不必要的浪费。产生这个问题的根本原因就是目前的专业人员对一体化质量体系的核心内容不了解，误认为一体化质量体系就是用按牌号管理的业务模式改进目前的信息化系统，而没有认识到一体化质量体系是对目前技术、生产管理模式的一个根本变革。在这个前提下在线订单处理、合同评审、余材充当、生产计划编制、数据综合查询等功能或者系统尽管名称相同，内容上都与一体化质量体系有本质差别。因此，在一体化质量体系建设项目的前期需要统一认识，认真进行项目评估，特别是不能对目前存在的问题孤立地进行讨论，而是要进行整体设计，避免造成为了解决局部问题，而使整个质量体系的目标不能实现的情况发生。

一体化质量体系是与企业品牌发展战略紧密联系在一起的。它为企业带来的效益不是以增加一两个盈利品种或者采用某些具体的降成本措施来体现的。它的本质是全面提高产品质量，满足所有用户对于产品的不同需求，培养和创造品牌，不仅在产品质量方面，而且在企业的管理理念、管理方法、管理实效等方面达到一流企业的水平，从以成本竞争的企业群体中脱离出来，与一流企业进行品牌竞争，使企业在高端竞争中得到发展。

从这个意义上讲，一体化质量体系及相应的信息化系统给企业带来的效益是增加几个新产品带来的效益所无法比拟的，特别是在市场充分竞争、价格和利润普遍低迷的情况下，一体化质量体系带来的效益甚至比新建一两条生产线或新建一个生产基地的投资回报率更高。但是，必须同时清醒地认识到，一体化质量体系建设取得成功的关键是要切实转变观念，改变固有的思维模式和传统的工艺技术、生产组织方法，通过信息化的建设真正发挥一体化质量体系在企业经营管理中的作用。

5.5 信息化在棒线材生产中的意义和作用

近几年来，计算机的硬件和软件得到飞速发展，在各行各业得到越来越广泛的应用，除了用于自动控制外，更重要的是用于信息化技术方面。信息化技术的应用不仅可以改变人的生活方式，提高资源的利用，而且可以改变工艺和技术管理理念和方法，从而可以大幅度提高企业效益，在钢铁生产方面，信息化也具有重要的作用。与其他行业和国外的先进企业相比，国内钢铁企业相对落后，除了宝钢、鞍钢、武钢、首钢等一些大企业有信息化系统外，大部分的企业中计算机的应用还仅仅停留在自动化阶段。宝钢在钢铁生产技术信息化的核心技术方面的基础部分是由美钢联的 MIC 体系和新日铁的出钢记号组成，到目前已经使用了近 20 年，而当年宝钢建厂时，引进的出钢记号也仅仅是新日铁记号体系中的一部分，热轧记号、冷轧记号并没有向宝钢提供，因此可以说我国在钢铁生产信息化技术方面远远落后于发达国家。但是通过多年板带产品的生产，特别是高端板材的生产，钢铁企业已经认识到没有信息化无法对板带生产的用户需求、质量设计和生产过程的工艺质量控制进行有效的管理，相比之下，长材在信息化方面的差距更大。由于长材企业在过去的很长时间，生产的都是建筑钢材，通常都是执行国家标准，用户的特殊需求很少，生产技术管理简单，设备也相对落后，自动程度低，因此很少有信息化管理的概念。近些年棒线材的装备水平得到快速发展，淘汰了横列式轧机，轧机的自动化水平有了大幅度提高，同时随着其他行业的发展，长材的品种已不再是以建筑材为主的产品结构，大量的棒线材产品用于机械制造、汽车运输等行业，对于棒线材的质量要求提高，许多用户对于需要深加工棒线材产品的，都有不同的特殊要求。另外，随着棒线材品种的增加，钢铁企业本身对于成本的控制，也要求实现工艺过程控制的精细化，以便有效地降低合金成本和各种消耗，像板材企业对于用户技术的研究，也是长材企业将来开展的一项重要工作。板材的用户技术研究的本质，就是通过改进或适应用户对产品的使用方法，使产品得到有效的利用，从而降低生产企业的成本，增加企业的效益，同时提高企业和产品的声誉，增加产品的竞争力，而用户技术的研究也需要以信息化作为基础。

在钢铁企业中，信息化不仅仅是代替人工处理数据，更不是办公自动化的延伸，而是工艺技术的一个重要组成部分，特别是在长材生产中，通常是按牌号组织生产，同一个牌号，同一个工艺，生产的产品成分、性能都在一个较大范围内波动。而对于深加工的棒线材产品，现行的标准已经不能满足用户使用的要求，满足用户的特殊需求，需要建立一套完整的用户标准，同一个用户标准中还要根据用户质量要求和成本控制的要求，细分成不同的成分和性能区间，分别制定相应的生产工艺。对高端产品，用户对产品成分和性能的一致性的要求往往已经超过设备工艺本身能够达到的要求，就需要系统根据用户要求，在生产过程中和生产结束后逐级对产品的成分性能进行分选、组批，最后达到满足用户的要求。在高端板材当中的硅钢就是典型事例，安装在同一台变压器的硅钢片的电磁性能的性能差要求很小，远小于标准的要求，就需要信息化系统来保证，长材中深加工过程退火工艺对于成分的要求也很窄，按照标准无法满足退火工艺要求，钢厂往往与用户协商以设备水平达不到用户要求为由，与用户达成双方都能接受的协议标准，最终用户还要自行解决成分波动大的问题。没有精细化工艺技术管理的理念和支撑这种管理理念的信息化系统，是使在高端产品上落后于发达国家的主要原因。国外的先进企业都把精细化管理的理念和信息化系统作为企业的核心竞争力加以保护，相比之下，在长材的精细化管理和信息化建设方面，则比板材更为落后。

5.5.1 一体化质量体系的概念

一体化质量体系也可称为一贯制质量体系，是指把生产制造过程中，所有相关专业的业务工作整合成一个管理体系，以产品技术质量工作为核心，实现对生产制造全过程、全方位的管理。

一体化质量体系的本质就是打破专业分工，以产品为主线，实现从订单质量设计、设备管理、生产组织、生产制造、质量判定、产品出厂、售后服务、质量改进的全流程的管理，将产品的质量与各专业的工作有机地结合在一起，克服各专业孤岛式的管理弊端，减少由于各专业管理目标不一致，导致的负效应，最大限度提高管理的效率。更重要的是，把信息化作为一个载体，改变传统的技术工作方式和理念，将精细化管理的理念融入到一体化质量体系当中，在信息化这个平台上，将精细化的技术质量理念形成一套完整的精细化工作方法，具体落实到每一项技术、业务、工作当中。建立完成的冶金知识数据库，将精细化条件下的用户需求、工艺规程、生产过程的实绩等在冶金知识库中进行保存，一方面用于支持日常的生产，另一方面可以用于工艺的完善和质量的改进，通过一体化质量体系，可以将大量的精细的用户需求和工艺规程固化在系统当中，减少技术人员在处理订单和质量设计时的重复劳动，减少人为因素对工艺的影响，减少质量事故的发生，大量的生产实绩通过分析处理可以有效地帮助技术人员改进工艺，提高质量。

5.5.2 一体化质量体系的内容

一体化质量体系的内容包括：细分用户特殊需求，细分产品标准的成分和性能标记（出钢记号），建立用户需求与标记和工艺规程的逻辑关系，其他功能如合同评审、质量设计、生产排程、质量判定、标准审视、标准修改等。

5.5.2.1 细分用户特殊需求

为了真实反映用户对产品的要求，首先要对用户特殊需求进行调查。对于长材用户的需求，一般是通过技术协议提出来的，对于板带产品，在产品的执行标准牌号之后，允许用户对成分、性能、表面检验方法、质保书打印、涂油包装提出，作为质量设计依据的一个方面，但是以上的内容还不能全面地反映用户对产品的全部要求，有的用户也提不出具体的成分和性能指标，因为用户的特殊需求还有其他的形式，如用户、用途、产品使用寿命、深加工产品的合格率、成材率、加工模具的使用寿命等，同样的用途同样的零件在不同企业生产时，由于装备、工艺的不同，对钢铁产品的要求也有可能不同，因此用户本身也是一种特殊需求。需要技术人员在质量设计时给予考虑，有的企业也通过用户技术和售后服务，制造不同用户对产品质量的差别，提高用户对本企业产品的依赖性，以达到稳定自己客户的目的。在板带企业，细分用户特殊需求是通过 MIC 体系实现的，即冶金检索码。

MIC 的构成：

MIC＝PSR+用户+用途+特殊需求

PSR（Product Specification Number）＝标准+牌号+规格组距

对于不同的 MIC，这样在系统的设计上，每一个 MIC 允许对应不同的工艺规程，满足不同的用户特殊需求在质量设计和生产过程中调整工艺的要求。目前国内的宝钢、武钢都采用了 MIC 体系作为细分用户特殊需求的方法。MIC 体系虽然是唯一在用的方法，但在应用过程中也存在问题，每一个新订单就会新建立一个 MIC，有的不同用户和用途的订单，它的产品是一样的，导致系统里 MIC 大量增加，而对应的工艺规程大部分重复。如某钢厂的 MIC 有 50 多万个，系统无法有效进行管理，将来在长棒的一体化质量体系的建设中应该考虑解决。

5.5.2.2 细分产品标准的成分和性能标记（出钢记号、轧钢记号）

出钢记号、轧钢记号（标记）的主要作用有两个：一个是通过细分产品标准的成分和性能，实现对工艺规程的精细化管理，不再以牌号作为基本的生产单元，而是将产品成分和性能根据工艺要求细分成多个区间分别制定不同的工艺规程，以提高产品质量，减少废品，如图 5-10 所示。

通过图 5-10 可以看出，按牌号组织生产，随着成分的波动，产品的性能也是波动的，在同一个工艺制度下，成分高性能高，成分低性能低，为了得到窄的性能范围，往往采用减少成分范围的方法，结果是导致炼钢的命中率降低，成本增加。采用标记后，可以根据

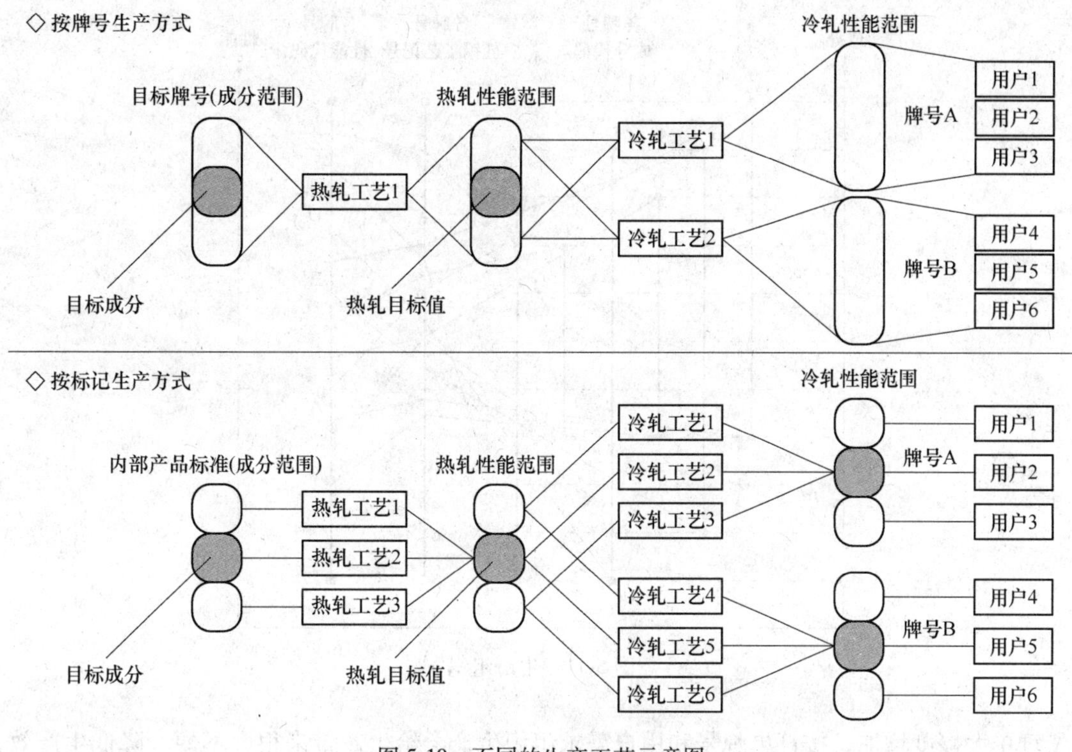

图 5-10 不同的生产工艺示意图

工艺要求，细分成几个成分区间，采用不同的工艺规程，使性能收敛在一个窄的范围，在提高质量的同时，降低了对炼钢成分的控制要求。对于棒线材的深加工而言，后续的热处理工序本身就对成分和热轧性能有严格要求，由于钢铁生产的特定，产品的成分和性能受到多种因素的影响，比如原料辅料的质量波动、公辅设备介质的波动、材料的质量波动、设备的使用周期的影响和操作影响，甚至季节气候的影响，造成炼钢成分和热轧性能波动，为了满足用户的使用，企业必须长期保值提供的产品的质量的一致性，而不是每次供给用户不同质量的产品，采用标记就可以把产品的质量波动消化在企业内部，最大限度地满足用户的使用要求。

出钢记号的另一个作用就是合理地进行生产组织，优化生产组织，提高生产效率。在细分用户的特殊需求后，由于用户需求不同，产生的内部牌号或产品标准全大幅度增加，如果仍然沿用原有的长材的生产组织方式，按牌号进行生产，几乎就相当于按订单组织生产，这样给生产组织带来很大不便，许多成分或性能相近，成分或性能区间有相交的产品无法合并生产，造成由于生产组织不合理带来的损失。采用出钢记号、轧钢记号后，在一体化的质量体系就可以将不同的内部牌号在不同的工序当中取成分和性能的交集，合并成一个生产单元，按新的生产单元进行生产的组织，从而达到提高生产效率，降低消耗的目的，如图 5-11 所示。

5.5.2.3 建立用户需求与标记和工艺规程的逻辑关系

在信息化和精细化过程控制条件下，从订单到工艺规程的数据链不再像过去那样简单，尤其在长材生产过程中，通常只订单、标准、牌号组织生产，细化用户需求后，小批

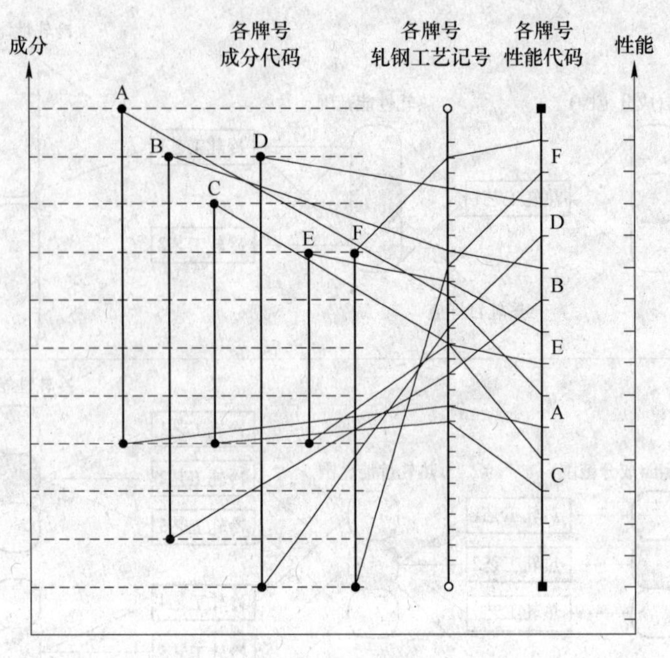

图 5-11 生产组织

量订单大幅度增加，按订单牌号和用户需求组织生产会给生产带来很大不便，降低生产效率，增加成本。在一体化质量体系中，要求对不同的用户用途和需求但产品的成分性能要求一样的产品进行合并，形成一个新的内部产品标准。这样便可以避免用户需求过多对技术管理、生产组织的影响，建立内部产品标准，一个将用户用途特殊需求对应的成分性能指标量化的过程，是质量设计的一部分，只有将不同用户用途需求的产品量化，才能将不同需求的产品进行合并，以便进行精细化的过程中的质量控制。因此，建立用户需求与内部产品标准的逻辑关系是一体化质量体系中的一个重要内容。形成内部产品标准后，可以对内部产品标准进行精细化工艺质量控制，首先是按工艺质量要求进行成分性能的划分，不同的标记对应不同的工艺规程，以便于产品质量的分析改进和质量的控制。

由于现在设备的二级自动化系统的设计，很多并没有考虑到标记的使用要求，或者是过去没有提出这方面的要求，因此许多二级系统并不能直接与标记对接，板带设备如此，长材设备更是如此，尤其是在以牌号为单元的二级过程自动化控制的设备上，不能简单以标记替代牌号，因此需要在一体化质量体系中，根据二级的具体情况，逐台处理标记与二级工艺规程的关系，才能保证一体化质量体系在现有的设备上正常运行。

5.5.2.4 一体化质量体系中的其他功能

在细化用户需求和生产工艺之后，改变了原有的技术质量工作的方式和内容，工作标准提高，工作量大大增加，单纯靠人工完成如此大量的工作十分困难，因此需要在信息化的平台上，实现在计算机辅助下，完成一系列技术质量工作的生产组织工作的功能。

（1）合同评审。在一体化质量体系中的合同评审不再是孤立的对一个订单进行评审，而是要确定是否是重复订单，是否可以与其他用户需求共用同一个内部产品标准，如果是全新的订单，可以在系统的指引下完成内部产品标准、标记和工艺的设计，并建立相应的物料及主数据。

(2) 质量设计。一体化质量体系的质量设计是在线的质量设计过程。设计的内容包括内部产品标准、标记、生产流程和工艺规程，在设计过程中需要冶金知识库的大量数据支撑，要分工序考虑与其他产品的工艺是否可以共用，考虑生产组织的要求等，虽然涉及内容较多，但是在信息化的平台上进行设计，可以减少设计人员的工作量，提高设计的质量。

(3) 生产排程。在板带生产中采用了标记后，不再用牌号进行排程，同时也不能用标记排程，而是按工艺相同的原则排程，对于长材要根据长材特点和二级的情况，确定如何进行生产排程。

(4) 质量判定。在细化用户需求和生产工艺之后，质量判定不仅对于某一个用户标准或需求，而是对于不同用户需求和不同的工艺要求进行判定，并且通过实时的质量改判，保证不同的用户都能得到适用的产品，从而降低生产成本。

(5) 标准和工艺规程的审视。由于标记的划分，成分的区间减小，成分波动对于性能的影响减少，因此性能波动取决于工艺的波动，通过按标记统计工艺和性能的关系，可以更好地进行工艺的改进和完善。

5.6 棒线材与板带信息化的差异

5.6.1 长材与板材生产的差别

长材与板材生产的相同点如下：

(1) 企业的经营目标相同。

(2) 企业的发展战略相同。

(3) 钢铁企业为流程性生产的规律相同。

(4) 现行的产品标准和生产工艺之间的矛盾相同。

(5) 销售、技术、生产、设备、自动化和轧机操作之间的关系相同。

(6) 企业对于工艺技术、产品质量、经营管理的持续改进的要求相同。

长材与板材生产的不同点如下：

(1) 板材的生产流程一般比长材要更长，包括冷轧、热处理、涂层等。

(2) 板材的用户需求，规格组距多，质量要求一般比长材高。

(3) 板材的设备更复杂，自动化程度一般比长材设备高。

(4) 板材的生产组织的难度比长材高。

5.6.2 棒线材与板带信息化的差异

板带生产的信息化相对长材比较成熟，但是板带产品在应用工艺装备和生产管理上与长材产品有所不同，因此长材的信息化不能照抄照搬板带的信息化系统，需要根据长材特点，借鉴板带信息化的先进理念和方法。通过分析棒线材产品与板带产品的差异，有助于建立一套适合棒线材信息化的质量体系。

5.6.2.1 产品及使用方面的特点

板带材通常经过冲压成型直接使用，特别是冷轧产品，产品的热处理工序都是在钢厂完成，交付给用户的性能一般是产品的最终性能，对表面、规格要求较高。棒线材生产都是热轧状态交货，由用户进行后续的深加工，包括拉拔、锻造、机加工、热处理等。产品的成分性能组织、尺寸精度、表面都要保证用户深加工的要求，对于不同的用户，由于设备工艺的不同，对产品的要求也会有所不同。虽然棒线材与板带产品使用方式不同，但是棒线材产品与用户的深加工关系更为紧密，在满足用户需求方面的内容和要求并不亚于板带产品。板带中冷轧产品通常以退火状态交货，工艺流程较长，但是退火工艺的要求是在钢厂内部解决的，而长材的深加工要求是在钢厂和用户两个单位完成的，通常用户会通过调整工艺来适应钢厂的产品，无形中造成成本增加和质量损失，在棒线材的质量体系建设中应尽量满足用户的要求，在减少用户损失的同时，提高钢厂的效益。

5.6.2.2 工艺及设备方面的特点

棒线材在工艺及设备方面最大的不同在于板带的变形过程相对简单，轧制工艺十分完善，有可用自动控制数学模型，并且有自学习功能，配合测厚仪和液压压下，可以实现轧制过程的自动控制，板带生产的信息化系统可以将工艺参数下达到轧制的二级系统实现自动轧钢。相比之下棒线材的变形过程很难用数学模型表示，轧机的压下和速度调整需要凭经验靠手工调整，目前还没有达到自动轧钢的水平，因此在棒线轧机的信息化方面与板带有较大差别。在棒线材生产当中，轧钢工需要根据产品的不同钢种规格、冷却工艺、轧辊辊径进行轧机调整，靠人工记录积累数据和经验，这种方法往往会造成人与人、班与班之间的差别，导致生产波动，采用信息化后，可以实现对生产过程的精细化管理，每一种工艺条件都可以在系统中进行规范，并且记录正常生产条件下的各种工艺参数，在下次生产时调出供轧钢工参照执行，而且可以不断完善和优化轧制工艺，减少目前的工艺波动带来的消耗增加和质量损失，并且随着检测手段增加和液压压下的配合使用，逐步实现棒线材的自动化轧钢。

5.6.2.3 棒线材与板带管理细度的不同

板带产品由于卷重较大，在信息化系统中每一卷是最小的管理单位，而棒线材产品的坯重一般仅为1~2t，以坯作为管理单位数量较大，对于订单批量大的品种没有实际意义，对于个别棒线材产品特别是合金钢，用户的订单量可能小于1t，因此在棒线材的信息化系统中，最小的管理单位要满足用户及生产要求。数量大时可以按炉次、轧制批次管理，数量小时可按用户的实际用量进行管理，棒线材的最小管理单位是一个变化的量。

5.7 一体化质量体系与用户服务、用户技术的关系

5.7.1 钢铁企业与用户的关系

钢铁企业与用户是从原料到最终产品的产业链上的两个关键环节。钢铁企业主要从事钢铁产品的生产，用户则是用钢铁产品制造成最终的产品。因此，钢铁企业与用户之间的关系是双方关注的重点。在这个产业链上，任何一个环节成本的升高，都将导致整个产业链的成本升高。在最终产品的市场价格不变的情况下，就意味着整个产业链的利润下降，反之则产业链的利润增加。

随着经济的发展、市场的扩大，用户也在最终产品上有了很大发展，从而带动了钢铁产品在品种产量上的显著增加。钢企和用户在钢铁产品的销售和采购上长期磨合，在不同

的产业领域，不同的产品、不同的钢企和不同的用户之间，形成了不同的购销模式和价格体系，使双方在整个产业链上的利润分配达到了一个相对平衡。在这个相对稳定的状态下，有的用户分得的利润较多，有的钢企分得的利润较多，这与企业的经营理念、营销策略和管理水平有关。有的用户通过与钢企之间形成的购销模式和价格体系，在自身利润已经相当丰厚的情况下，仍然可以压低钢企产品的价格，使钢企的利润很薄，甚至亏损，而使自己企业的利润最大化。有的钢企也可以通过营销策略和自身掌握的定价机制，把钢铁产品的价格定高，而使用户处于被动的局面。从这个意义上说，钢企与用户在钢铁产品的销售博弈中，有明确的企业发展战略和与之相配套的营销策略。有先进管理理念的企业往往在这场博弈中占有优势。如果一个钢企的产品具有品牌优势，在产量上占有较大份额，不仅在产品销售上拥有定价权，在原料采购上也具有议价的优势，这样企业就可以在产品销售和原料采购上同时获利。如果用户是一个知名企业，产品的产量在市场上具有较大份额，具有垄断地位，钢企为了保住销售渠道，也往往会给用户较大的优惠，使用户在产品销售和原料采购上两头获利。

在这方面外国企业也给我们上了一课。我国是一个稀土的资源大国和出口大国，在国际市场上占有绝对大的份额，但外国企业可以将我国的稀土原料价格压到几万元每吨，以致许多企业只能保本经营。而日本用稀土制成的产品可以卖到 50 万元每吨。另外一个典型事例就是铁矿石。中国作为第一钢铁大国，2013 年粗钢产量约占世界产量的一半，但是却没有铁矿石的定价权。尽管铁矿石的开采成本没有大幅提高，但铁矿石的价格疯涨，而且随钢材市场的价格浮动。钢材价格涨，铁矿石价格也涨；钢材价格跌，铁矿石价格也跌，始终给中国的钢企留一个很窄的利润空间，钢材涨价带来的利润几乎全部被国外铁矿石企业拿去。

钢铁企业与用户之间既是伙伴关系，更是竞争的关系。这种竞争不同于钢企之间的竞争，而是在钢铁产品的供应与采购过程中，谁能够通过某种方式从对方那里为自己争得更多的利益。在过去计划经济的体制下，双方都是国有企业，价格由国家制定，企业不负责盈亏，亏损由国家负担。在当前的市场经济体制下，价格由市场制定，国有企业也要为自己的亏损负责。钢企和用户在互相的博弈中，都是想尽办法从对方那里争取到更多的利益。至于钢企与用户都采用了什么方法为自己争取利益，并不是什么秘密。通过分析许多先进企业常年在这方面的所作所为，我们可以十分清晰地看到钢企与用户互相争夺利润的激烈程度。

5.7.2 钢铁产品用户在采购环节如何获利

在钢企与用户之间，如果双方仅仅是购销关系，没有采用其他手段的话，双方只能是通过产品价格作为各自利润的划界，而用户想获取更多的利润，就需要采用各种手段向钢企渗透。通常用户会在用途之外以特殊需求的方式，在外部标准的基础之上提出具体的性能、表面质量或尺寸精度等方面的要求。钢企为了达到这些要求，往往会增加一部分成本，而且增加的这部分成本如果不能通过提高价格的方式得到补偿，则钢企就要承担由此带来的效益上的损失。有的用户为了在从钢企的采购中最大限度保护自身利益，在价格不变的条件下获得高质量的甚至是过剩质量的钢铁产品，不惜自己培养冶金材料专家，参与技术协议的制订。曾经有一家用户的专家，在与钢厂产品开发人员讨论技术协议时，提出钢包镇静时间、炼钢吹氩时间、中间包材质、铁合金品种、水口材质、连浇速度等方面相当细致的要求，有的内容还写进了技术协议。用户这种相当专业的要求一方面可以促进提高产品质量，另一方面有可能产生富裕质量，降低了用户的废品率而增加了钢厂的成本。特别是在产品价格不变的情况下，这部分成本将由钢厂承担。

如果不能通过用户服务和用户技术的研究，了解用户对钢铁产品真正的质量要求，盲目地认同用户提出的技术要求，就有可能造成钢铁产品制造过程的成本升高，从而影响到企业的效益。相同的产品由于用户不同的特殊需求，生产过程的成材率、合格率、各种消耗有可能产生很大差别，导致在成本效益上的差别很大。因此，对用户的特殊需求应该有一个综合的评价和管理。对于有的特殊需求就需要实行差别定价，才能确保不造成企业利益的无形损失。

目前钢企的许多产品仍然采用技术协议作为用户特殊需求的表达方式，而且在技术协议中的特殊需求大多是用具体的指标值来表示的，如成分的上下限、性能的上下限等。我们认为有了具体的数值便可以作为生产制造、质量判定和交货的依据。这种方式和过去习惯的长材生产判定和交货的方式相同，但对于板带的生产并不合适。首先技术协议中规定的质量指标是否能够真正满足用户的实际使用要求。有时即使达到了协议规定的指标要求，产品仍然会在用户使用中出现问题。这个问题的产生原因是有的用户对自己的加工制造工艺并没有深入掌握，对钢铁产品的生产工艺和特性并不了解。在这种情况下，就需要钢铁企业的技术人员对用户的生产工艺和技术水平有一个全面的了解，不能只停留在按合同按协议交货的认识水平上。在这种情况下，无论是由于用户原因造成的后续加工中的损失，还是质量指标定得过高给钢铁企业带来的成本损失，都将会影响双方的效益。从这个意义上讲，钢企有义务有责任，同时也有降低成本提高效益的积极性，利用用户技术开展用户服务，制定合理的生产工艺和质量指标，通过降低成本来提高效益。另外一种情况就是由于产品质量不稳定，指标波动范围大，在短时间内又无法解决，用户为了保证使用中废品率的降低，就提出更严格的指标要求，造成大部分产品的质量过剩；或者说是整体的产品质量过剩时，少量质量较低的产品也能满足用户的使用要求。在这种情况下，钢企承担了全部由于质量过剩带来的成本升高和效益损失。

因此，开展用户服务满足用户需求并不是无原则、无条件的，更不是钢铁企业的经营目标，而是通过开展用户服务满足用户需求降低钢铁企业的成本，同时还可以降低用户的制造成本，并且在降低用户成本的过程中进一步为钢铁企业分得一部分利润，使为用户服务成为钢企的一个效益增长点。如果为了用户服务而用户服务，不惜代价，完全站在用户的立场上，要求自己的企业增加投入，更新设备、检验手段，提高制造过程的工艺标准，加大制造成本上的投入，却不知道如何通过用户服务增加企业的效益，使企业的投资能够有更好的回报，实质上就是背离了为用户服务的初衷，最终会导致在整个产业链上利益分配偏向了用户一边。本想通过用户服务使减少富裕质量带来的利润流向钢企，结果却是使钢企无谓地增加了富裕质量，而自己承担了全部的效益损失，使钢企在与用户的合作与博弈中主动放弃了自身应得的利益。因此，开展用户技术研究和用户服务，应该看作是整个生产制造过程中的关键管理配套项目，视同于技措技改和关联设备，要有投入、有产出、有效益，而不能仅仅作为自己蒙蔽自己的口号。

5.7.3 国外先进钢铁企业及宝钢在与用户博弈中采取的策略

对于国外先进钢铁企业和宝钢，营销策略被视为企业发展战略的一个重要组成部分，在企业的规划决策中就已经确定了企业的发展战略和企业的营销策略，并在企业的整个生命周期中加以贯彻。

5.7.3.1 产品的定位

国外先进钢铁企业和宝钢无一例外都将企业定位在高端产品和服务高端用户上。定位于高端产品意味着整个产业链上与低端产品相比有更好的产值和利润，同时高端产品的门槛更高，竞争程度相对较低；高端用户产品的研发能力更强，产品更新换代更快，对钢铁产品的要求越来越高，也可以带动钢铁产品的发展，使钢铁企业通过与高端用户的合作，在钢铁产品的研发上走在其他企业的前面。但是定位于高端产品和高端用户，需要钢铁企业在管理、技术、装备、生产组织和营销方面具有更高的水平，在投资的控制上更加严格，避免在追求高的装备水平的同时，造成投资失控，大幅增加投资成本，使企业通过高端产品生产获取更高利润的发展战略无法实现。在这方面先进的钢铁企业都较好地控制了以上的生产要素，实现了各自的发展战略和营销策略，使企业走上了与其他定位于中低端产品、低成本竞争策略的企业不一样的盈利模式，在生产高端产品获取高利润的同时，企业受到原料价格和钢材市场价格波动的影响最小，使人们看到了正确的企业发展战略和营销策略为企业带来的长远的利益和优势。

5.7.3.2 开展用户服务进行用户技术研究

先进的钢铁企业始终将用户服务作为营销策略的一个重要内容，通过用户服务树立企业的品牌形象，利用产品的品牌效应在整个产业链上争取到更多的利润。除此以外，先进的钢铁企业如此积极开展用户服务还有更深层的原因，这是在长期与用户博弈中得到的经验。用户作为最终产品的制造者，他的产品生产方式与钢铁企业有明显不同。他的产品基本上是单件加工组装，产品质量可以通过检验得到保证，通过管理和设备操作的保证可以使产品品质达到基本一致。而钢铁产品生产属于流程性的生产方式，在一个炉次、浇次当中，质量都有一定波动，如头尾坯、中间坯等质量就有明显不同。即便是同一卷，头尾的性能也有所差别，甚至在钢卷的宽度上尺寸精度、表面质量也会有不同。

由于钢铁企业与用户的生产方式不同，双方对质量的理解和认识也不同。从用户的角度来看，钢铁产品的质量就不应该有问题，有质量问题的产品不应发给用户，而应该由钢铁企业通过内部管理，保证用户得到的产品质量稳定。出于此种考虑，在产品出现问题之后，用户采取的做法就是与钢铁企业签订技术协议，逐项地制定产品的质量指标，而且尽可能地提高质量标准，以确保自身利益。虽然出现质量问题的是个别情况，但是因为个别情况致使质量标准提高给钢企带来的成本损失可能足以使该产品无法盈利，所以钢企应该尽量避免与用户签订严苛的技术协议，以减少这方面的损失。

而现在的科研人员大多没有效益概念，希望通过签订技术协议来明确所谓的责任和义务，把复杂的企业营销策略做了简单处理，就是质量出问题由生产部门负责，技术条件出问题是用户的责任，而自己始终是没有责任的一方。这种做法的本质错误就是失去了企业经营和产品开发是为了企业盈利的最终目标。在这方面，国外的钢铁企业与宝钢则完全是另外的做法。他们把营销作为企业发展战略的一个重要组成部分，始终努力通过用户服务、用户技术培养和树立企业在用户当中的形象，以获取用户在产品质量和产品使用上对钢企的信任，逐渐依赖于钢企，使这些大企业在与用户的博弈中占据了有利的地位，并且从中获取利益，避免和减少自身的质量损失。这些钢企一般从不与用户签订技术协议，如果在产品开发阶段需要签订技术协议，都要对第三方严格保密，在转入正常销售时通常以国际标准或企业标准与用户签订合同，而国际标准或宝钢的企业标准的范围与实际的产品质量要求显然有较大差距，其他企业甚至用户自身都难以从这些标准中看出产品真实的质量指标。实际上这些企业是把国际标准或企业标准作为商业标准，由于这些标准规定的指标范围很宽，因此很容易保护钢企在与用户的质量异议中不受损失，而用户只能就产品的使用问题与钢企进行交涉，无法依据合同及标准对钢企进行索赔。在钢企发现自己的产品存在问题时，通常也会以为用户服务为名，采取帮助用户调整工艺或换货等主动措施，但是绝不承认是产品的质量问题。宝钢通常采用此类方法来处理与用户的争议，这种处理方式不但没有影响宝钢的产品信誉，反而更增加了用户对宝钢及宝钢产品的信任。这种营销策略本身也是一个系统工程，需要企业根据自身的发展战略对营销工作做出统一的规划和布置，而且绝不单纯是销售部门的责任，而是以技术质量为主，生产销售部门共同的责任。如果部门之间各自为政，没有统一的目标、统一的行动，就无法在与用户的博弈中争取到更多的利益，反而有可能被用户各个击破，形成对用户有利的局面。

5.7.3.3　向下游产业延伸

钢铁企业在与用户的合作和博弈中经常采用向下游延伸的方式，承担下游用户的剪切冲压拉拔等工序的工作，表面上看是延伸的钢铁企业的产业链，但是通过深入分析，钢铁企业并没有通过承担了剪切冲压配送从下游用户获得利益，而是下游用户获得了更便宜的零配件，减少了库存和资金占用，减少了一部分的设备投入。

钢企从经营业务向下游延伸中获得的利益主要有两个方面，一方面是通过加工零配件加强了与用户的联系，巩固了产品的已有市场，使产品有了稳定的销售渠道。由于用户相对稳定，给企业的销售和生产组织都可以带来潜在的效益。另一方面，通过产业链的延伸，将钢企与用户在产品质量上的认知不同造成的质量过剩和质量损失变成了钢企内部的问题，钢企不再因为自身产品的质量波动，反复与用户进行沟通或者承担相应的质量损失，也避免了用户因为产品的质量波动，不断提出更高的质量要求，造成质量过剩而增加企业的成本。产业链向下游延伸后，钢企可以将钢铁行业流程性生产的特点造成的必然的质量波动，和用户单件加工要求零配件质量一致的矛盾放在钢铁企业内部进行转化，针对用户对零配件的使用要求，制定合理的钢铁产品的标准，在满足用户对零配件要求的前提下尽可能降低富裕质量，将同牌号、同批次、同炉次甚至是同一类产品的质量波动进行精细化管理，使不同部位、不同质量的产品都能得到合理利用，即便在生产过程中受到设备、工艺、操作影响出现明显的质量波动，也可以通过分切及重新制定下料方案以减少产品质量波动造成的损失。

所以说，向下游产业延伸并不是简单地局限于扩展业务、巩固销售渠道，而是能够给钢企带来实实在在的效益。但是要做到这一点，需要在企业内部做大量的细致工作，首先要将不同用户、不同零配件真实的使用要求搞清楚，将产品的生产工艺和质量进行细分，然后把不同产品质量的钢卷，按部位与用户的零配件进行对应，根据表面质量、性能在批次、炉次和钢卷上的分布规律，设计合理的下料方案，最终才能通过一系列成本损失的降低，为企业挖掘出潜在的效益。

5.7.4 一体化质量体系与用户服务的关系

开展用户服务是整个营销策略中的一个重要环节，但不是最后一个环节。通过用户技术的研究和用户服务的开展，可以逐渐改变钢企与用户之间的关系，使在产品质量方面的话语权转向钢企一边。另外就是要通过用户技术的研究和用户服务的开展了解到每一个用户对产品的真实的质量要求。对于不同的用户，同一个产品的使用要求应该存在一定的差异。对于同一个用户，同一个产品有可能被用于加工不同的零件，它的使用要求也有所不同。了解到这些详细的用户对于产品的使用信息之后，在一体化质量体系中就可以利用内部产品标准和订单属性建立相应的数据库，同时利用炼钢标记、热轧标记、冷轧标记对生产制造全过程进行精细化管理，把生产的产品也按照质量的不同划分成多个等级，即便是同一个牌号也要进行质量水平的精细划分，然后将质量适用的产品对应到每个用户的订单上，最大限度地减少产品的富裕质量，同时又能满足用户的使用要求。

开展用户服务并不仅仅是在用户对产品质量有疑问时给予用户服务或者对用户的质量异议给出一个令用户满意的处理结果，而是要通过用户服务、用户技术的研究使产品和用户的需求紧密结合，通过一体化的质量管理，确保产品在用户的使用过程中不发生质量异议。不仅如此，还要把这种方法形成规范，把系统外用户服务的内容和一体化质量体系整合在一起，贯穿于整个产品开发到规模生产的全过程中，从用户调研阶段开始就要积累数据，通过产品的调研、研发、试制，逐渐形成一个完整的产品质量要求，而且在用户使用过程中还要不断调整，补充完善，最终使产品在用户没有明显察觉的情况下迅速达到用户的使用要求，这对于掌握一个科学的产品开发的过程管理方法，加快产品研发的速度和质量，缩短产品从研发到稳定供货的时间都会起到关键作用。同时也使通过对用户服务的深入理解，逐步认识到除了需要关心每一个产品的具体研发内容外，对于产品研发工作的管理模式的研究更是企业应该关注的内容。科学、规范的管理，可以使每一名技术人员最大限度地提高工作质量和工作效率，不断改进、规范对产品研发和技术质量工作的管理，挖掘管理方面的潜力，这对于企业来说才是根本的效益增长点。

另外，通过用户服务和一体化质量体系对于产品质量的保证，可以在用户中逐渐树立起良好的企业形象，在质量异议减少、用户满意度提高的同时，企业可以逐渐培育出自己的品牌，使企业能够在较短时间内缩小与先进企业的差距，最终成为真正的一流钢铁企业。

附录

附录1　设备检修安全管理流程

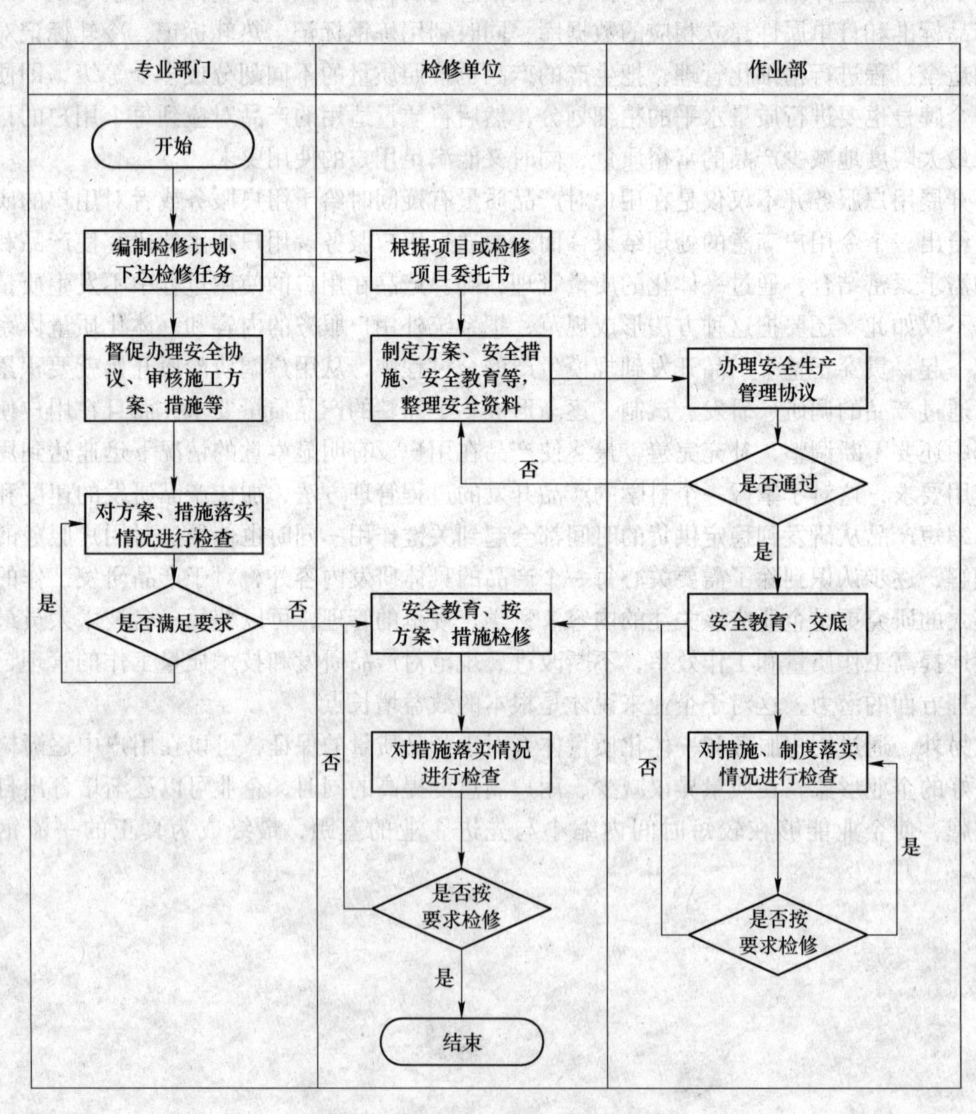

附图 1-1　设备检修安全管理流程图

附录 2　生产工艺流程

示例：铸件打磨喷漆岗位

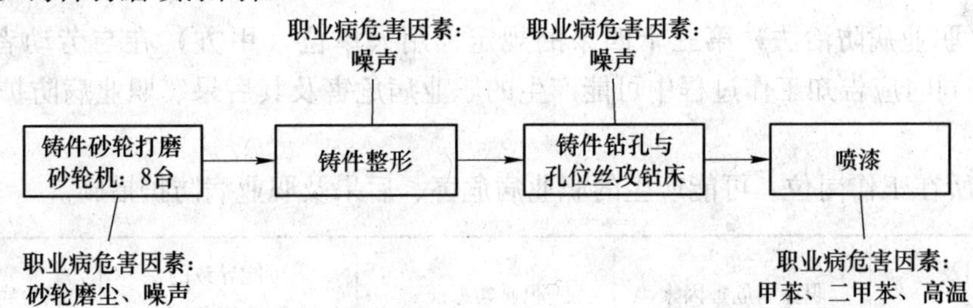

附图 2-1　生产工艺流程图

工艺过程中存在的职业病危害因素：（1）打磨。砂轮磨尘、噪声等。（2）铸件整形。噪声等。（3）铸件冲孔。噪声等。（4）喷漆。甲苯、二甲苯、高温。

注：1. 附图 2-1 为生产工艺流程图示例。各单位应根据生产实际绘制工艺流程图，注明存在职业病危害因素的环节或部位。

2. 生产工艺流程图按产品或岗位流程绘制。

3. 生产工艺流程用方框标明工艺、装置和设备的名称，用箭头标明工艺流程。

4. 生产工艺发生变化及时更新生产工艺流程图，并将变化前工艺流程图一并归档。

附录 3　产生职业病危害的设备、材料及警示标识一览表

附表 3-1　产生职业病危害的设备、材料及警示标识一览表

序号	设备、材料名称	生产或供货单位	用量/产量 $t \cdot a^{-1}$	主要成分	可能产生的职业病危害因素	使用的作业场所	用途	有无中文说明书	警示标识设置种类及数量

填表人：　　　　部门负责人：

注：1. 附表 3-1 记录本单位产生职业病危害的设备、材料，材料是指各种原辅材料及产品、副产品和中间产品。

2. 设备、材料名称按工艺流程顺序填写，先填设备，后填材料。

3. 产量的单位可根据生产实际情况填写。

4. 警示标识设置种类是指“图形标识”“警示线”“警示语句”“告知卡”等，详见 GBZ 158—2003。

附录4 职业病危害告知书

职业病危害告知书示例

根据《职业病防治法》第三十四条的规定，用人单位（甲方）在与劳动者（乙方）订立劳动合同时应告知工作过程中可能产生的职业病危害及其后果、职业病防护措施和待遇等内容。

（一）所在工作岗位、可能产生的职业病危害、后果及职业病防护措施。

所在部门及岗位名称	职业病危害因素	职业禁忌证	可能导致的职业病危害	职业病防护措施
例：铸造车间铸造工	粉尘	活动性肺结核病 慢性阻塞性肺病 慢性间质性肺病 伴肺功能损害的疾病	尘肺	除尘装置 防尘口罩

（二）甲方应依照《职业病防治法》及《职业健康监护技术规范》（GBZ 188）的要求，做好乙方上岗前、在岗期间、离岗时的职业健康检查和应急检查。一旦发生职业病，甲方必须按照国家有关法律、法规的要求，为乙方如实提供职业病诊断、鉴定所需的劳动者职业史和职业病危害接触史、工作场所职业病危害因素检测结果等资料及相应待遇。

（三）乙方应自觉遵守甲方的职业卫生管理制度和操作规程，正确使用维护职业病防护设施和个人职业病防护用品，积极参加职业卫生知识培训，按要求参加上岗前、在岗期间和离岗时的职业健康检查。若被检查出职业禁忌证或发现与所从事的职业相关的健康损害的，必须服从甲方为保护乙方职业健康而调离原岗位并妥善安置的工作安排。

（四）当乙方工作岗位或者工作内容发生变更，从事告知书中未告知的存在职业病危害的作业时，甲方应与其协商变更告知书相关内容，重新签订职业病危害告知书。

（五）甲方未履行职业病危害告知义务，乙方有权拒绝从事存在职业病危害的作业，甲方不得因此解除与乙方所订立的劳动合同。

（六）职业病危害告知书作为甲方与乙方签订劳动合同的附件，具有同等的法律效力。

甲方（签章） 乙方（签字）

年 月 日 年 月 日

附录5 办公区域职业卫生管理信息

职业卫生管理信息公告栏（办公区域）

单位：

主要职业病危害因素			《职业病防治法》规定，用人单位必须履行如下义务：
危害因素	存在岗位	可能造成的职业危害	

职业病防治组织机构	职业卫生管理制度	职业卫生操作规程

注：1. 各单位制定的公告栏应至少涵盖以上内容。

2. 公告栏内应将本单位涉及的主要职业病危害因素如实记录。

3. 各单位的职业病防治组织机构应及时更新。

4. 职业卫生管理制度和职业卫生操作规程可摘录要点进行发布。

附录6 工作场所职业卫生管理信息

职业卫生管理信息公告栏（工作场所）

单位：

主要职业病危害因素			《职业病防治法》规定，用人单位必须履行如下义务：
危害因素	存在岗位	可能造成的职业危害	

职业病危害因素检测结果	应急救援措施	职业病防治组织机构	职业病防护措施

注：1. 各单位制定的公告栏应至少涵盖以上内容。

2. 公告栏内应将该工作场所涉及的主要职业病危害因素如实记录。

3. 各单位的职业病危害因素检测结果包括工作场所职业病危害因素检测结果和日常监测结果。

4. 职业病防治组织机构应及时更新。

5. 应急救援措施、职业病防护措施可摘录要点进行发布。

附录 7　职业健康检查结果告知

职业健康检查结果告知记录

职业健康检查机构：　　　　　　　　　　　　　　　　检查时间：　　　年　月　日

作业部/作业区	岗位	单位是否已书面告知健康检查结果（是/否）	职工本人签字	签字时间	备注

注：本表记录职业健康检查告知情况，应在告知职工职业健康检查结果时填写。

附录8　职业病危害告知卡

职业病危害告知卡示例

<table>
<tr><td colspan="3">工作场所存在一氧化碳，对人体有损害，请注意防护</td></tr>
<tr><td rowspan="8">一氧化碳
Carbon monoxide</td><td>理化特性</td><td>健康危害</td></tr>
<tr><td>无色、无味、无臭气体。微溶于水，溶于乙醇、苯等有机溶剂。相对分子质量28.01，极易燃，与空气混合能形成爆炸性混合物，遇明火、高热能引起燃烧爆炸。有毒，吸入可因缺氧致死</td><td>可经呼吸道进入人体
主要损害神经系统
表现为剧烈头痛、头晕、心悸、恶心、呕吐、无力、脉快、烦躁、步态不稳、意识不清，重者昏迷、抽搐、大小便失禁、休克。可致迟发性脑病</td></tr>
<tr><td colspan="2">应急处理</td></tr>
<tr><td colspan="2">抢救人员穿戴防护用具，加强通风。速将患者移至空气新鲜处；注意保暖、安静；及时给氧，必要时用合适的呼吸器进行人工呼吸；心脏骤停时，应立即进行心肺复苏术后送医院；立即与医疗急救单位联系抢救</td></tr>
<tr><td colspan="2">防护措施</td></tr>
<tr><td colspan="2">禁止明火、火花，高热，使用防爆电器和照明设备。工作场所禁止饮食、吸烟</td></tr>
<tr><td colspan="2">必须穿防护服，必须戴防护手套，必须戴防毒面具，必须戴防护眼镜，注意通风</td></tr>
</table>

标准限值：工作场所空气中时间加权平均容许浓度（PC-TWA）不超过16×10^{-6}（$20mg/m^3$），短时间接触容许浓度（PC-STEL）不超过24×10^{-6}（$30mg/m^3$）。立即威胁生命和健康浓度（IDLH）为1360×10^{-6}（$1700mg/m^3$）。

检测数据：

检测日期：　　年　　月　　日

急救电话：7703331　消防电话：7703270　职业卫生咨询电话：7703890

附录9　中文警示说明1

中文警示说明示例

硫酸

分子式 H_2SO_4　分子量 98.08

理化特性	浓硫酸为无色油状液体，难挥发，能以任意比例与水混合，放出大量的热量而猛烈飞溅。沸点高：338℃，具有较强的吸水性、脱水性和氧化性
可能产生的危害后果	对皮肤、黏膜等组织有强烈刺激和腐蚀作用。对眼睛可引起结膜炎、水肿、角膜浑浊，以致失明；引起呼吸道刺激症状，重者发生呼吸困难和肺水肿；高浓度引起喉痉挛或声门水肿而死亡。口服后引起消化道烧伤以至溃疡形成。严重者可能有胃穿孔、腹膜炎、喉痉挛和声门水肿、肾损害、休克等
职业病危害防护措施	使用专用设备密闭储存，现场干燥、加强通风，避免水分和有机物进入，避免光照、严禁烟火，存放现场设置独立围堰 注意个人防护，穿戴防护用品（防酸手套、防酸服、防酸靴和防护面罩），现场配备洗眼器和喷淋设施 严格遵守安全操作规程
应急救治措施	皮肤接触：脱去污染的衣着，立即用干布擦拭，用大量水冲洗至少15min，就医 眼睛接触：提起眼睑，立即用干净布品擦拭，用流动清水冲洗至少15min，就医 吸入：迅速脱离现场至空气新鲜处，保持呼吸道通畅，就医 食入：不可催吐，立即就医

附录 10 中文警示说明 2

中文警示说明示例

噪 声	
可能导致的职业病	噪声性耳聋
可能产生的危害后果	(1) 对神经系统的影响：产生头疼、耳鸣、健忘、心慌、记忆力减退等。 (2) 对心血管系统的影响：心跳加快、心律不齐。 (3) 对视觉器官的影响：眼痛、视力减退。 (4) 对消化系统的影响：食欲不振、恶心、胃张力减低，会诱发胃溃疡，十二指肠溃疡等。 (5) 对听觉器官的影响：最容易受到关注的是它对听力的损害，最常见的病症是耳部不适，耳鸣、耳痛、听力下降和噪声性耳聋。 (6) 影响交流，使注意力不集中，降低劳动生产力，从而降低学习和工作效率，导致工作意外增加
安全操作和维护注意事项	(1) 使用耳塞或耳罩加强个人防护。 (2) 执行设备巡检时一定要做好个人防护。 (3) 巡检完设备或维护完设备，双方确认正常后及时撤离现场
职业病防护和应急救治措施	(1) 采取防声措施，佩戴耳塞、耳罩等，值班室要及时关闭门窗。 (2) 噪声区域作业定期轮换作业人员。 (3) 如发现听力异常，及时到医院检查、确诊
国家卫生标准	计算 40h 等效声级，限值为 85dB（A）

噪声有害

附录 11　职业病危害告知与警示标识

职业病危害告知与警示标识档案

序号	作业部/作业区	岗位	标识类型	标识内容	安装地点	安装时间	维护时间

注：1. 标识类型分为职业病危害告知栏、职业病危害公示栏、中文警示说明、告知卡、警示标识。

2. 标识内容应据实填写，告知栏、中文警示说明、告知卡等应注明是什么职业病危害因素。

3. 该档案每年更新一次。